FARMACOBOTÂNICA

Nota

Os conhecimentos que fundamentam a farmacobotânica estão em constante evolução. Novas pesquisas ampliam a todo o momento os saberes relacionados com os produtos naturais e com suas aplicações. Os organizadores e autores desta obra basearam seus capítulos em resultados investigativos próprios e/ou buscaram informações e dados em fontes atuais e consideradas confiáveis, procurando oferecer subsídios que permitam a construção do conhecimento conexo, levando em conta a credibilidade da origem e a data de publicação dos documentos citados. Mesmo assim, devem ser consideradas possíveis interpretações individuais ou atualizações posteriores à redação dos textos, sugerindo fortemente que os leitores venham a confirmar as informações em outras fontes de referência. Em nenhum momento os organizadores e autores da obra visam estimular o emprego terapêutico dos produtos naturais citados.

F233	Farmacobotânica : aspectos teóricos e aplicação / Organizadoras, Siomara da Cruz Monteiro, Clara Lia Costa Brandelli. – Porto Alegre : Artmed, 2017. xiv, 156 p. il. ; 25 cm.
	ISBN 978-85-8271-440-9
	1. Farmácia. 2. Botânica – Plantas Medicinais. I. Monteiro, Siomara da Cruz. II. Brandelli, Clara Lia Costa.
	CDU 615:58

Catalogação na publicação: Poliana Sanchez de Araujo – CRB 10/2094

Organizadoras
Siomara da Cruz Monteiro
Clara Lia Costa Brandelli

FARMACOBOTÂNICA
Aspectos Teóricos e Aplicação

2017

© Artmed Editora Ltda., 2017

Gerente editorial: *Letícia Bispo de Lima*

Colaboraram nesta edição:

Editora: *Simone de Fraga*

Processamento pedagógico: *Lívia Allgayer Freitag*

Leitura final: *Marquieli Oliveira*

Ilustrações: *Gilnei da Costa Cunha (Figs. 3.1, 5.7, 8.1)*

Capa: *Márcio Monticelli*

Projeto gráfico e editoração: *Clic Editoração Eletrônica Ltda.*

Reservados todos os direitos de publicação, em língua portuguesa, à
ARTMED EDITORA LTDA., uma empresa do GRUPO A EDUCAÇÃO S.A.
Av. Jerônimo de Ornelas, 670 – Santana
90040-340 Porto Alegre RS
Fone: (51) 3027-7000 Fax: (51) 3027-7070

Unidade São Paulo
Rua Doutor Cesário Mota Jr., 63 – Vila Buarque
01221-020 São Paulo SP
Fone: (11) 3221-9033

SAC 0800 703-3444 – www.grupoa.com.br

É proibida a duplicação ou reprodução deste volume, no todo ou em parte, sob quaisquer formas ou por quaisquer meios (eletrônico, mecânico, gravação, fotocópia, distribuição na Web e outros), sem permissão expressa da Editora.

IMPRESSO NO BRASIL
PRINTED IN BRAZIL

AUTORES

Clara Lia Costa Brandelli: Farmacêutica. Professora da UniRitter. Especialista em Análises Clínicas. Mestre em Ciências Farmacêuticas pela Universidade Federal do Rio Grande do Sul (UFRGS).

Siomara da Cruz Monteiro: Farmacêutica bioquímica. Especialista em Análises Clínicas pela UFRGS. Mestre em Bioquímica pela UFRGS. Doutora em Bioquímica pela UFRGS. Pós-doutora em Farmacologia: Neurociências pela Pontifícia Universidade Católica do Rio Grande do Sul (PUCRS).

Flávia Gontijo de Lima: Médica veterinária toxicologista. Professora adjunta de Farmacologia e Toxicologia da UniRitter. Mestre em Ciência Animal pela Universidade Federal de Goiás (UFG). Doutora em Ciência Animal pela UFG. Pós-doutora em Toxicologia pela Faculdade de Medicina Veterinária e Zootecnia (FMVZ-USP).

Luciana Signor Esser: Farmacêutica. Docente na área da saúde. Professora auxiliar II da UniRitter. Mestre em Ciências da Saúde: Farmacologia e Terapêutica Clínica pela Universidade Federal de Ciências da Saúde de Porto Alegre (UFCSPA). Doutoranda em Ciências da Saúde: Farmacologia e Toxicologia pela UFCSPA.

Nelson Alexandre Kretzmann Filho: Biólogo. Professor da UniRitter. Professor do Programa de Pós-Graduação (PPG) em Medicina Animal: Equinos da UFRGS. Mestre em Genética e Toxicologia pela Universidade Luterana do Brasil (ULBRA). Doutor em Medicina: Hepatologia pela UFCSPA. Pós-doutor em Patologia pela UFCSPA e Pós-doutor em Medicina pelo Hospital de Clínicas de Porto Alegre (HCPA).

Patrícia de Brum Vieira: Farmacêutica. Especialista em Análises Clínicas pela Faculdade de Farmácia da UFRGS. Mestre e Doutora em Ciências Farmacêuticas pela UFRGS. Pós-doutora em Ciências Farmacêuticas pela Universidade Federal do Pampa (UNIPAMPA).

Tatiana Diehl Zen: Farmacêutica. Professora auxiliar da Faculdade de Ciências da Saúde UniRitter. Especialista em Saúde Pública e em Homeopatia. Mestre em Patologia pela UFCSPA. Doutoranda em Patologia pela UFCSPA.

AGRADECIMENTOS

Agradecemos, com muito carinho, o extraordinário e essencial suporte dos coautores desta obra, que, ao aceitarem dela participar, enriqueceram cada capítulo com sua experiência e conhecimento!

As Organizadoras

PREFÁCIO

A Farmacobotânica é a área da Farmacologia que estuda as características morfológicas e estruturais das plantas medicinais, considerando aspectos macro e microscópicos, que possuem interesse terapêutico e toxicológico. As plantas são amplamente reconhecidas como a principal fonte da maioria dos novos medicamentos, sendo historicamente utilizadas no tratamento e prevenção de doenças. Na maioria das sociedades, os sistemas alopáticos e tradicionais da medicina acontecem simultaneamente. Esse fato é evidenciado pelos dados da Organização Mundial da Saúde (OMS), os quais revelam que cerca de 80% da população de países em desenvolvimento dependem de plantas medicinais para suas necessidades diárias e para os cuidados com a saúde, porém é preciso desmistificar essa prática, orientando para o uso correto das partes a serem utilizadas, bem como em relação à sua função farmacológica.

A utilização de plantas para fins terapêuticos possui caráter multifatorial, requerendo um olhar multidisciplinar para alcançar a eficácia em seu tratamento e evitar a toxicidade – é o que preza a Política Nacional de Práticas Integrativas e Complementares (PNPIC) no SUS, conforme Portaria nº 971/2006. Seu objetivo é popularizar e disseminar a prática da Fitoterapia de maneira racional, adequando-se às questões culturais oriundas das unidades de saúde em que se inserem, considerando um caráter colaborativo da população com os profissionais da saúde.

Atualmente as instituições de ensino estão reformulando seus currículos, nos quais a Farmacobotânica possui um olhar totalmente voltado à prática da Fitoterapia. Por esse motivo, o assunto aqui abordado possui caráter interdisciplinar e transversal entre os profissionais, iniciando pelo uso histórico de plantas medicinais pela sociedade, mostrando os diferentes fatores que afetam a produção de substâncias bioativas e seu uso no desenvolvimento de fármacos, finalizando com o emprego das plantas por meio da Fitoterapia.

Um dos objetivos deste livro, por meio de uma linguagem acessível, é embasar os profissionais da saúde e as pessoas que possuem interesse em plantas medicinais a desenvolverem um olhar técnico. Além disso, sentimos a necessidade de elaborar uma fonte de consulta que possa contribuir para o dia a dia de profissionais e estudantes que se deparam com as dificuldades do entendimento da botânica, oferecendo informações aplicadas e atuais.

Farmacobotânica foi elaborada com o objetivo de ser uma referência acessível sobre assunto, nortear a prática e servir como arcabouço básico nas unidades curriculares dos cursos de graduação e pós-graduação relacionados ao uso de plantas medicinais.

As Organizadoras

SUMÁRIO

1 Plantas medicinais: histórico e conceitos........................1
- Introdução 1
- Pré-história 2
- Antiguidade... 2
- Idade moderna... 7
- Idade contemporânea 8
- No Brasil 9
- Atividades 12
- Referências 13
- Leituras recomendadas... 13

2 Etnobotânica 15
- Introdução 15
- Etnobiologia: o campo de inserção da etnobotânica......... 16
- Etnobotânica: o estudo das relações entre populações e plantas 18
- Atividades 24
- Referências 25
- Leitura recomendadas... 25

3 Partes das plantas: raiz, caule, flor, folhas, frutos e sementes 27
- Introdução 27
- Raiz.. 28
- Caule 29
- Flor 30
- Folha 31
- Fruto... 33
- Semente 34
- Atividades 35
- Referência 36
- Leituras recomendadas... 36

4 Características adaptativas das plantas ... 37
Introdução ... 37
Impactos construtivos *versus* estresse destrutivo ... 38
Adaptabilidade ... 39
Atividades ... 40
Referência ... 41
Leitura recomendada ... 41

5 Metabolismo vegetal ... 43
Introdução ... 43
Metabólitos: conceito ... 44
Metabólitos primários ... 44
Metabólitos secundários ... 44
Atividades ... 56
Referências ... 57

6 Substâncias bioativas ... 59
Introdução ... 59
Tipos e origens de substâncias bioativas ... 60
Atividades ... 69
Leituras recomendadas ... 70

7 Produtos naturais e o desenvolvimento de fármacos ... 71
Introdução ... 71
Plantas medicinais e desenvolvimento de fármacos: histórico ... 72
Pesquisa e desenvolvimento de fármacos a partir de plantas medicinais ... 76
Busca por novos fármacos a partir de plantas medicinais no Brasil ... 78
Desenvolvimento de fármacos a partir de protótipos de produtos naturais ... 79
Atividades ... 80
Referências ... 81

8 Aspectos moleculares e genéticos da produção vegetal ... 83
Introdução ... 83
Gene: conceito e história ... 84
Genética: alguns conceitos importantes ... 85
Genoma: o código genético do organismo ... 86

Genômica de alto rendimento: o desafio dos grandes conjuntos de dados 87
Melhoramento genético de plantas: ferramentas para a caracterização molecular 87
Biotecnologia vegetal e engenharia genética: recursos para a introdução e seleção de características em organismos 89
Atividades 94
Leituras recomendadas.. 95

9 Introdução à fitoterapia: conceitos e definições 97

Introdução 97
Uso de plantas medicinais: breve histórico 97
Plantas medicinais: conceito e aspectos gerais............................ 98
Plantas medicinais são fitoterápicos?..................................... 99
Fitoterapia no Brasil e no mundo...................................... 100
Fitoterápicos: definições e normativas da anvisa......................... 101
Uso de fitoterápicos: vantagens e desvantagens......................... 104
Atividades 106
Referências 106
Leituras recomendadas.. 107

10 Uso racional de medicamentos fitoterápicos e prescrição 109

Introdução 109
Uso racional de medicamentos e fitoterápicos: conceitos 109
Uso racional de medicamentos fitoterápicos e plantas medicinais: problemas, desafios e avanços.. 111
Fitoterápicos comumente utilizados no Brasil e suas interações medicamentosas 114
Atividades 122
Referências 123
Leituras recomendadas.. 123

11 Política nacional de plantas medicinais e fitoterápicos............125

Introdução 125
O papel do profissional de saúde na utilização de fitoterápicos 126
Os benefícios da utilização de plantas medicinais no Brasil.................. 127
Medicina tradicional e medicina complementar e alternativa 128
Políticas e programas sobre medicina tradicional e medicina complementar e alternativa 129

Atividades 133
Referências 134
Leituras recomendadas... 134

12 Desenvolvimento, produção e controle de qualidade de fitoterápicos 135

Introdução 135
Farmacopeia brasileira... 136
Desenvolvimento de fitoterápicos 137
Produção de fitoterápicos 142
Controle de qualidade de fitoterápicos................................. 143
Atividades 144
Referências 145

13 Plantas tóxicas 147

Introdução 147
Toxidez das plantas... 148
Conclusão... 151
Atividades 152
Referência 152
Leituras recomendadas... 152

Índice.. 153

1
PLANTAS MEDICINAIS: HISTÓRICO E CONCEITOS

Clara Lia Costa Brandelli

Objetivos de aprendizagem

- Definir conceitos relevantes à farmacobotânica.
- Esquematizar uma linha do tempo sobre a história do uso de plantas medicinais.
- Identificar os principais marcos da história de utilização de plantas medicinais no Brasil.
- Diferenciar plantas medicinais e medicamentos fitoterápicos.
- Discutir o cenário atual do uso de plantas medicinais e seus derivados no Brasil e no mundo.

INTRODUÇÃO

A história do uso de **plantas medicinais**, desde os tempos remotos, tem mostrado que elas fazem parte da evolução humana e foram os primeiros recursos terapêuticos utilizados pelos povos. Pode-se afirmar que o hábito de recorrer às virtudes curativas de certos vegetais se trata de uma das primeiras manifestações do antiquíssimo esforço do homem para compreender e utilizar a natureza como réplica a uma das suas mais antigas preocupações, aquela originada pela doença e pelo sofrimento.

▶ *Definição*

Plantas medicinais: espécies vegetais, cultivadas ou não, utilizadas com propósitos terapêuticos. Chamam-se plantas frescas aquelas coletadas no momento de uso e plantas secas as que foram precedidas de secagem e estabilização, equivalendo à droga vegetal.

PRÉ-HISTÓRIA

Antigas civilizações têm suas próprias referências históricas acerca das plantas medicinais. Muito antes de aparecer qualquer forma de escrita, o homem já utilizava as plantas, algumas como alimento e outras como **remédios**. Em seus experimentos com ervas, houve sucessos e fracassos; muitas vezes, estas curavam, mas, outras vezes, matavam ou produziam efeitos colaterais graves.

A descoberta das propriedades úteis ou nocivas dos vegetais ocorreu por meio do conhecimento empírico, ou seja, da observação feita pelos homens do comportamento dos animais, por exemplo. Além disso, existem relatos lendários em que se atribuem às plantas poderes divinos, pois seu uso fazia parte de rituais religiosos que colocavam os homens em contato direto com os deuses. Essas valiosas informações foram sendo, inicialmente, transmitidas oralmente às gerações seguintes, para, posteriormente, com o surgimento da escrita, passarem a ser compiladas e arquivadas.

▶ *Definição*

Remédio: uma palavra aplicada em sentido geral, direcionada a todos os meios usados para prevenir, melhorar ou curar as doenças. Desse modo, pode-se chamar de remédio tanto os medicamentos quanto os meios físicos (p. ex., radioterapia, massagem, etc.) e os meios psíquicos (p. ex., psicanálise, tratamento psicológico, etc.).

ANTIGUIDADE

As referências históricas sobre plantas medicinais trazem relatos de seu uso em praticamente todas as antigas civilizações. As primeiras descrições do uso de plantas com fins terapêuticos foram escritas em cuneiforme. Essas descrições são originárias da Mesopotâmia e datam de 2.600 a.C., incluindo óleo de cedro (*Cedrus* sp.), alcaçuz (*Glycyrrhiza glabra*), mirra (*Commiphora* sp.), papoula (*Papaver somniferum*), entre muitos outros **derivados de drogas vegetais** que ainda são utilizados no tratamento de doenças, como gripes, resfriados e infecções bacterianas.

FIGURA 1.1
Exemplo de plantas medicinais descritas pelos mesopotâmicos: **(a)** cedro; **(b)** alcaçuz; **(c)** mirra; **(d)** papoula.
Fonte: (a) Authentic travel/Shutterstock.com/; (b) Only Fabrizio/Shutterstock.com/; (c) Manfred Ruckszio/Shutterstock.com/; (d) Tamara Kulikova/Shutterstock.com/.

▶ **Definição**

Derivados de drogas vegetais: produtos de extração da matéria-prima vegetal, ou planta medicinal *in natura*, ou da droga vegetal, podendo ocorrer nas formas de extrato, tintura, alcoolatura, óleo fixo e volátil, cera, exsudato, suco, entre outras.

Outra referência escrita sobre o uso de plantas como remédios é encontrada na obra chinesa *Pen Ts'ao* ("A grande fitoterapia"), de Shen-Nong, de 2800 a.C. Shen-Nong é reconhecidamente o fundador da medicina chinesa, pois a ele são atribuídas as virtudes da descoberta das **drogas vegetais** e a capacidade de experimentar venenos, estabelecendo a arte de criar ervas medicinais.

▶ **Definição**

Drogas vegetais: plantas medicinais (ou suas partes) que contenham as substâncias ou classes de substâncias responsáveis pela ação terapêutica após os processos de coleta, estabilização – quando aplicável – e secagem, podendo estar nas formas íntegra, rasurada, triturada ou pulverizada.

Foi durante a Antiguidade egípcia, grega e romana que se acumularam **conhecimentos tradicionais** transmitidos, principalmente pelos árabes, aos herdeiros dessas civilizações. Os antigos papiros no Egito evidenciam que, a partir de 2000 a.C., um grande número de médicos utilizava as plantas como remédio e considerava a doença como resultado de causas naturais, e não como consequência dos poderes de espíritos maléficos.

▶ **Definição**

Conhecimentos tradicionais: todo conhecimento, inovação ou prática de comunidade tradicional relacionado aos componentes da diversidade biológica.

O papiro de Ebers (Figura 1.1), considerado um dos mais antigos e importantes tratados médicos conhecidos, com cerca de 3.500 anos, foi escrito no antigo Egito e é datado de aproximadamente 1550 a.C. Enumera em torno de 100 doenças e descreve um grande número de **produtos naturais**. Vários desses produtos ainda estão em uso, como:

- funcho (*Foeniculum vulgare* Miller);
- coentro (*Coriandrum sativum* L.);
- genciana (*Genciana lutea* L.);
- zimbro (*Juniperus communis* L.);
- sene (*Cassia angustifolia* Vahl.);
- timo (*Thymus vulgare* L.);
- losna (*Artemisia absinthium* L.).

FIGURA 1.2
Exemplo de produtos naturais que ainda estão em uso **(a)** funcho; **(b)** coentro; **(c)** sene.
Fonte: (a) Anton-Burakov/Shutterstock.com/; (b) Cabeca de Marmore/Shutterstock.com/; (c) Madlen/Shutterstock.com/.

▶ *Definição*

Produtos naturais: substâncias ou matérias-primas que tenham finalidade medicamentosa ou sanitária.

O papiro de Ebers menciona ainda cerca de 800 fórmulas mágicas e remédios populares, incluindo **extratos** de plantas, metais, como chumbo e cobre, e venenos de animais de várias procedências. Além disso, prescreve o uso terapêutico de óleos vegetais (alho, girassol, açafrão) e o uso de mel ou de cera de abelhas como veículo ou ligamento para os óleos usados, visando à melhoria da absorção do **medicamento**.

FIGURA 1.3
Página do papiro de Ebers.
Fonte: National Library of Medicine (2012).

▶ **Definição**

Extratos: preparações de consistência líquida, sólida ou intermediária, obtidas a partir de matérias-primas de origem vegetal.
Medicamento: produto farmacêutico, tecnicamente obtido ou elaborado, com finalidade profilática, curativa, paliativa ou diagnóstica.

Outros relatos do uso de plantas medicinais em antigas civilizações demonstram que, desde 2300 a.C., os egípcios, assírios e hebreus cultivavam diversas ervas e traziam de suas expedições tantas outras. Sabe-se que, já nessa época, esses povos criavam classes de medicamentos com as plantas.

Na Índia, foi criado um dos sistemas medicinais mais antigos da humanidade, denominado Ayurveda. Os Vedas, poemas épicos de cerca de 1500 a.C., fazem menção a plantas medicinais até hoje utilizadas, como:

- alcaçuz (*Glycyrrhiza glabra*);
- gengibre (*Zingiber officinale* Roscoe);
- mirra (*Commiphora myrrha* [Nees] Baillon);
- manjericão (*Oci-mum basilicum* L.);
- alho (*Allium sativum* L.);
- cúrcuma (*Curcuma domestica* L.);
- acônito (*Aconitum napellus* L.);
- aloés (*Aloe* sp.).

FIGURA 1.4
Exemplo de plantas medicinais mencionadas nos Vedas: **(a)** genbigre; **(b)** manjericão; **(c)** alho; **(d)** cúrcuma; **(e)** aloe.
Fonte: (a) SOMMAI/Shutterstock.com/; (b) Nattika/Shutterstock.com/; (c) Timmary/Shutterstock.com/; (d) www.shutterstock.com/; (e) www.shutterstock.com/.

Na antiga Grécia, grande parte da sabedoria sobre plantas deve-se a Hipócrates (460–377 a.C.), denominado "pai da medicina". Ele reuniu em sua obra *Corpus Hipocratium*, conjunto de aproximadamente 70 livros, uma síntese dos conhecimentos médicos de seu tempo, indicando, para cada enfermidade, um remédio vegetal e um tratamento adequado. Além disso, Hipócrates afirmava que o tratamento para muitas doenças poderia ser feito por meio de dieta alimentar adequada e que, para uma prescrição mais exata, deveria conhecer os elementos e as propriedades dos constituintes dessa dieta.

No Ocidente, os registros da utilização da **fitoterapia** são mais recentes. Teofrasto (372–287 a.C.) foi o único botânico que a Antiguidade conheceu. Já no século III a.C., listou cerca de 455 plantas medicinais que constituíram o primeiro herbário ocidental, utilizado até hoje, com detalhes de como preparar e usar cada produto. As primeiras prescrições são datadas do século V a.C.

▶ *Definição*

> **Fitoterapia**: terapêutica caracterizada pelo uso de plantas medicinais em suas diferentes formas farmacêuticas, sem a utilização de substâncias ativas isoladas, ainda que de origem vegetal.

Era Cristã

No começo da Era Cristã, o grego Pedanius Dioscórides, médico grego militar nascido em Anazarbo da Cilícia (40–90 d.C.), catalogou e ilustrou cerca de 600 diferentes plantas usadas para fins medicinais, descrevendo o emprego terapêutico de muitas delas, sendo muitos os nomes por ele apresentados ainda hoje usados na botânica. A obra em que ele reuniu esses registros é denominada *De Materia Medica* (Figura 1.2), considerada a principal referência ocidental para a área de plantas medicinais até o Renascimento, o que mostra sua valiosa importância.

Em *De Materia Medica*, entre diversos interessantes relatos, Dioscórides já descrevia o uso de ópio como medicamento e como veneno, utilizado por Nero para eliminar seus inimigos. Ele relatou também o uso do salgueiro branco (*Salix alba* L.), fonte mais antiga do ácido acetilsalicílico, para dor. Em pesquisas recentes, houve a confirmação da eficácia de alguns medicamentos descritos por Discórides para o tratamento de doenças renais e epilepsia e como diuréticos.

Claudius Galeno (129–216 d.C.), médico, filósofo grego e considerado o "pai da farmácia", foi o primeiro grande observador científico dos fenômenos biológicos. De seus mais de 300 tra-

> *Curiosidade*
>
> Galeno estimulou oficiais romanos a fiscalizarem remédios para verificar se continham o que era declarado, dando início à Vigilância Sanitária. Isso foi feito porque misturas contendo até 100 ingredientes, conhecidas como *theriacs* (do grego para "antídoto"), eram comuns naquela época e levaram a fraudes e superfaturamento por muitos séculos.

tados, cerca de 150 permanecem até hoje. Ele desenvolveu misturas complexas, advindas de antigas misturas egípcias e gregas e intituladas como "cura-tudo". Elas são conhecidas como "misturas galênicas".

FIGURA 1.5
Capa da obra *De Materia Medica*, de Pedanius Dioscórides, 1554.
Fonte: University of Virginia (c2007).

IDADE MODERNA

Sem dúvida, um dos principais responsáveis pelo avanço da terapêutica foi Philippus Aureolus Theophrastus Bombastus von Hohenheim (1493-1541), famoso médico, alquimista, físico e astrólogo suíço, mais conhecido como Paracelso. Essa importante figura lançou as bases da medicina natural e afirmou que cada doença específica deveria ser tratada por um tipo de medicamento. Disse ainda que a dose certa define se uma substância química é um medicamento ou um veneno.

Paracelso buscava novos medicamentos tendo como fonte os produtos naturais: "A Medicina se fundamenta na natureza, a Natureza é a Medicina, e somente naquela devem os homens buscá-la. A Natureza é o mestre do médico, já que ela é mais antiga do que ele e existe dentro e fora do homem" (NOGUEIRA; MONTANARI; DONNICI, 2009, p. 232). É também de sua a criação a teoria da assinatura dos corpos, segundo a qual a atividade farmacológica de uma planta estaria relacionada com seu aspecto morfológico. Por exemplo, a serpentária, erva da família das aráceas, cuja haste lembra o corpo de uma serpente, serviria para a cura de picadas de cobra.

IDADE CONTEMPORÂNEA

Foi a partir do século XIX que a fitoterapia teve maior avanço, devido ao progresso científico na área da química, o que permitiu analisar, identificar e separar os **princípios ativos** das plantas. Por exemplo, Hahnemann (1755-1843), na Alemanha, tentava trabalhar com a menor dose possível com a qual os remédios ainda tinham atividade e desenvolveu os conceitos da **homeopatia**. O Quadro 1.1 apresenta outros marcos desse século.

▶ *Definição*

Princípios ativos: substâncias cuja ação farmacológica é conhecida e responsável, total ou parcialmente, pelos efeitos terapêuticos do medicamento.
Homeopatia: palavra de origem grega que significa "doença" ou "sofrimento semelhante". É um método científico para o tratamento e a prevenção de doenças agudas e crônicas, em que a cura se dá por meio de medicamentos não agressivos que estimulam o organismo a reagir, fortalecendo seus mecanismos de defesa naturais.

QUADRO 1.1
Principais marcos da fitoterapia no século XIX.

Ano	Descrição
1803	Na Alemanha, Serturner (1783-1841), um aprendiz de farmacêutico, a partir da análise da morfina presente no ópio (*Papaver somniferum* L.), dá início à extração dos ingredientes ativos das plantas.
1819	A atropina é isolada da beladona (*Atropa belladonna* L.), utilizada no tratamento de doenças do sistema nervoso.
1820	O quinino, antimalárico obtido da casca da planta peruana *Cinchona* sp., é isolado.
1827	Um químico francês isola a salicina da espireia (*Filipendula ulmaria* [L.] Maxim.), sendo que a medicina tradicional vinha, através dos séculos, obtendo o mesmo efeito da casca do salgueiro (*Salix alba* L.).
1829	A emetina da ipecacuanha (*Psychotria ipecacuanha* Mull.), um potente emético, é isolada.
1860	A cocaína é extraída das folhas de coca (*Erithroxylum coca* Lam.), um anestésico local que tornou possível muitas cirurgias.

No começo do século XX, a **medicina alopática** ainda tinha as plantas como principais matérias-primas. No mesmo período, o filósofo Rudolf Steiner (1861-1925), juntamente com a Dra. Ita Wegman, propiciou o surgimento da medicina antroposófica, que, além da organização puramente física do homem, considerada pela medicina acadêmica, também contempla outras três organizações: a vital, a anímica e a espiritual. Os medicamentos próprios dessa forma de medicina são tomados dos três reinos da natureza, principalmente o vegetal.

▶ *Definição*

Medicina alopática: ramo da medicina que utiliza técnicas alopatas. A alopatia é a medicina tradicional, que consiste em utilizar medicamentos que produzirão no organismo do doente uma reação contrária aos sintomas que ele apresenta, a fim de diminuí-los ou neutralizá-los. Por exemplo, se o paciente tem febre, o médico receita um remédio que faz baixar a temperatura. A fitoterapia entra na categoria de alopáticos.

No fim do século XX, a Agência Federal de Saúde da Alemanha criou uma comissão para avaliar a segurança e a eficácia de produtos de origem vegetal. Essa comissão revisou os resultados de ensaios clínicos, estudos de caso, estudos com animais e usos tradicionais, dando ênfase ao estabelecimento da segurança. Foram publicadas cerca de 400 monografias de monopreparados e de combinações de produtos de origem vegetal. Elas incluem as seguintes informações:

- identificação;
- pureza;
- adulteração;
- composição fitoquímica;
- ações farmacológicas;
- ações terapêuticas;
- contraindicações;
- efeitos colaterais;
- dosagens.

Procedimentos como o supracitado também estão sendo conduzidos por outros países europeus, como França e Inglaterra. A *Farmacopeia Britânica de Plantas* contém monografias, com padrões de qualidade, para 169 ervas medicinais utilizadas na Grã-Bretanha.

NO BRASIL

No Brasil, a história da utilização de plantas no tratamento de doenças apresenta influências marcantes das culturas africana, indígena e europeia. A contribuição dos escravos africanos para a tradição do uso de plantas medicinais se deu por meio das plantas que trouxeram consigo, que eram utilizadas em rituais religiosos, e por suas propriedades farmacológicas, empiricamente descobertas.

Os milhares de índios que aqui viviam utilizavam uma imensa quantidade de plantas medicinais que existem na biodiversidade brasileira. Os pajés transmitiam o conhecimento acerca das ervas locais, e seus usos foram aprimorados a cada geração. Os primeiros europeus que chegaram ao Brasil se depararam com esses conhecimentos, que foram absorvidos por aqueles que passaram a habitar o país e a sentir a necessidade de viver do que a natureza lhes tinha a oferecer, e também pelo contato com os índios.

Séculos XVI-XX

No século XVI, o jesuíta José de Anchieta foi o primeiro boticário de Piratininga, atual cidade de São Paulo. Em 1765, a cidade de São Paulo tinha três boticários. A Real Botica de São Paulo foi a primeira farmácia oficial da cidade. Os medicamentos eram, em sua grande maioria, plantas medicinais:

- rosa (*Rosa* sp.);
- sene (*Cassia angustifolia*);
- manacá (*Brunfelsia uniflora*);
- ipeca (*Psychotria ipecacuanha*);
- copaíba (*Copaifera langsdorffii*).

FIGURA 1.6
Manacá (*Brunfelsia uniflora*), exemplo de planta usada como medicamento no Século XVI.
Fonte: Martin Fowler/Shutterstock.com/.

Em 1801, a administração da capitania da Bahia recebeu do príncipe regente, por meio de Dom Rodrigo de Souza Coutinho, instruções para a ampliação do Real Jardim Botânico, para a a publicação de uma "flora completa e geral do Brasil e de todos os vastos domínios de Sua Alteza Real". Esses dados deveriam ser enviados anualmente, buscando a preservação das espécies e dos conhecimentos populares.

Em 1838, o farmacêutico Ezequiel Correia dos Santos realizou o isolamento do princípio ativo (alcaloide pereirinha) da casca do pau-pereira (*Geissospermum vellosii*), usado tradicionalmente para febres e malária. Atualmente, há estudos sobre o uso das substâncias ativas do pau-pereira para tratamento da doença de Alzheimer.

Em 1926, foi publicada a primeira *Farmacopeia Brasileira*, de Rodolpho Albino Dias da Silva, chamada de "farmacopeia verde". Com 183 espécies de plantas medicinais brasileiras, trazia descrições macro e microscópicas das drogas.

Até meados do século XX, as plantas medicinais e seus derivados constituíam a base da terapêutica medicamentosa. A síntese química, que teve início no fim do século XIX, iniciou uma fase de desenvolvimento vertiginoso decorrente de tecnologias na elaboração de fármacos sintéticos. A medicina tradicional foi vista como atraso tecnológico e foi sendo substituída pelo uso dos medicamentos industrializados.

Dias atuais

Nas duas últimas décadas e seguindo tendências mundiais, o Brasil voltou a valorizar sua flora como fonte inestimável de novas moléculas com atividade biológica e **medicamentos fitoterápicos**. Atualmente, as plantas medicinais e os fitoterápicos não são mais considerados apenas terapia alternativa, mas uma forma sistêmica e racional de compreender e abordar os fenômenos envolvidos nas questões da saúde e da qualidade de vida.

▶ *Definição*

> **Medicamentos fitoterápicos**: medicamentos obtidos exclusivamente de matérias-primas ativas vegetais, cuja eficácia e segurança sejam validadas por meio de levantamentos etnofarmacológicos de utilização, documentações técnico-científicas ou evidências clínicas. Não se considera medicamento fitoterápico aquele que, em sua composição, inclua substâncias ativas isoladas, de qualquer origem, nem as associações destas com extratos vegetais.

> *Importante*
> Após o auge do desenvolvimento da indústria farmacêutica e o domínio dos medicamentos sintéticos, hoje pelo menos 90% das classes farmacológicas incluem um protótipo de produto natural (World Health Organization, 2002). Dos 120 compostos ativos isolados de plantas superiores e utilizados atualmente, 74% têm o mesmo uso terapêutico nas sociedades nativas.

Sabe-se que, em regiões de baixo desenvolvimento econômico ou em zonas rurais, a falta de acesso da população aos medicamentos industrializados determina o tratamento das doenças com base no uso de plantas medicinais. Além disso, os fitoterápicos têm conseguido espaço cada vez maior entre a população.

Nota-se, nos últimos anos, que a disposição em trabalhar com fitoterapia tem ressurgido. Na última década, registrou-se um aumento expressivo no interesse em substâncias derivadas de espécies vegetais, evidenciado pelo crescimento de publicações dessa linha de pesquisa nas principais revistas científicas das áreas de química e farmacologia.

> **Para refletir**
>
> **Plantas medicinais e medicamentos fitoterápicos são a mesma coisa?**
> Não, as plantas medicinais são espécies vegetais que possuem em sua composição substâncias que ajudam no tratamento de doenças ou que melhoram as condições de saúde das pessoas. Já os medicamentos fitoterápicos são produtos industrializados obtidos a partir das plantas medicinais.

O consumo de plantas medicinais, com base na tradição familiar, tornou-se prática generalizada na medicina popular. Atualmente, muitos fatores têm contribuído para o aumento da utilização desse recurso, entre eles:

- os efeitos colaterais decorrentes do uso crônico dos medicamentos industrializados;
- o difícil acesso da população à assistência médica;
- a tendência ao uso da medicina integrativa e de abordagens holísticas dos conceitos de saúde e bem-estar.

ATIVIDADES

1. Trace um linha do tempo contendo os principais marcos da história das plantas medicinais.
2. Com relação à história e aos conceitos relacionados às plantas medicinais, marque **V** (verdadeiro) ou **F** (falso).
   ( ) O medicamento pode ser considerado um tipo de remédio.
   ( ) O medicamento fitoterápico é aquele que inclui substâncias ativas isoladas em sua composição.
   ( ) Acredita-se que o homem tenha começado a utilizar plantas com fins medicinais na época do desenvolvimento da escrita cuneiforme.
   ( ) Paracelso criou uma teoria que relaciona a atividade farmacológica de uma planta à sua morfologia.
   Assinale a alternativa que apresenta a sequência correta.
   (A) V – V – F – F
   (B) F – F – V – V
   (C) V – F – F – V
   (D) F – V – V – F
3. Por que o papiro de Ebers é considerado um dos mais importantes tratados médicos da história?
4. Sobre a história das plantas medicinais no Brasil, considere as afirmativas a seguir.
   I Os europeus que chegaram ao Brasil após o descobrimento ignoraram a tradição do uso de plantas medicinais dos índios que aqui viviam.
   II As substâncias ativas do pau-pereira são utilizadas até hoje em estudos sobre o tratamento da doença de Alzheimer.
   III Atualmente, a medicina tradicional é vista como atraso tecnológico, tendo sido substituída pelos medicamentos industrializados.

Qual(is) está(ão) correta(s)?

(A) Apenas a afirmativa I.
(B) Apenas a afirmativa II.
(C) Apenas as afirmativas I e a III.
(D) Apenas as afirmativas II e a III.

REFERÊNCIAS

NATIONAL LIBRARY OF MEDICINE. *Breath of life*. Bethesda: NLM, 2012. Disponível em: <http://www.nlm.nih.gov/hmd/breath/breath_exhibit/MindBodySpirit/originframe.html>. Acesso em: 9 jul. 2015.

NOGUEIRA, L. J.; MONTANARI, C. A.; DONNICI, C. L. Histórico da evolução da química medicinal e a importância da lipofilia: de Hipócrates e Galeno a paracelsus e as contribuições de Overton e de Hansch. *Revista Virtual de Química*, v. 1, n. 3, p. 227-240. Disponível em: < http://www.educadores.diaadia.pr.gov.br/arquivos/File/2010/artigos_teses/quimica/hist_evol_quim_medicinal.pdf>. Acesso em: 10 abr. 2017.

UNIVERSITY OF VIRGINIA. *Vienna Dioscorides from de Materia Medica, 512*. Charlottesville: University of Virginia, c2007. Disponível em: <http://exhibits.hsl.virginia.edu/herbs/vienna-disocorides/>. Acesso em: 17 jul. 2015.

WORLD HEALTH ORGANIZATION. *Traditional and alternative medicine*. Geneva: WHO, 2002. (Fact Sheet, n. 271).

LEITURAS RECOMENDADAS

AGÊNCIA NACIONAL DE VIGILÂNCIA SANITÁRIA (Brasil). *Site*. Brasília: ANVISA, [2017]. Disponível em: <http://portal.anvisa.gov.br/>. Acesso em: 9 jul. 2015.

PINTO, A. C. et al. Produtos naturais: atualidade, desafios e perspectiva. *Química Nova*, São Paulo, v. 25, Supl. 1, p. 45-61, maio 2002.

SIMÕES, C. M. O. et al. (Org.). *Farmacognosia*: da planta ao medicamento. 5. ed. Florianópolis: UFSC, 2003.

TOMAZZONI, M. I.; NEGRELLE, R. R. B.; CENTA, M. L. Fitoterapia popular: a busca instrumental enquanto prática terapêutica. *Texto & Contexto: Enfermagem*, Florianópolis, v. 15, n. 1, p. 115-121, jan./mar. 2006.

2
ETNOBOTÂNICA
Clara Lia Costa Brandelli

Objetivos de aprendizagem

- Definir etnobiologia e etnobotânica.
- Citar as abordagens e ramificações da etnobiologia.
- Explicar o caráter interdisciplinar da etnobotânica.
- Relacionar a etnobotânica à etnofarmacologia.
- Listar as contribuições e possibilidades oriundas da etnobotânica.
- Explicar a importância e as formas de dar retorno às populações sobre as informações adquiridas em estudos etnobotânicos.

INTRODUÇÃO

Como foi visto no Capítulo 1, a utilização de plantas como medicamentos pela humanidade é tão antiga quanto a história do homem. Desde tempos remotos, os seres humanos usam substâncias químicas derivadas da natureza – plantas, animais e microrganismos – para atender às suas necessidades básicas, incluindo a prevenção e o tratamento de doenças. O homem acumulou informações sobre o ambiente que o cerca e, sem dúvida, esse conhecimento foi completamente baseado em suas observações diárias e constantes dos fenômenos e características da natureza.

O processo de evolução da "arte da cura" se deu por meio de experimentação empírica; as descobertas se originaram de tentativas, que resultavam em erros ou acertos. Nesse processo, os povos primitivos propiciaram os seguintes fatores:

- a identificação de espécies e gêneros vegetais;
- a identificação das partes dos vegetais que se adequam ao uso medicinal;
- o reconhecimento do habitat;
- o reconhecimento da época da colheita.

> **Curiosidade**
>
> No Brasil, os alemães J. B. von Spix e Carl F. Pm von Martius, no século XIX, fizeram notas do uso de plantas pelos indígenas. Muito antes, no século XVII, os holandeses Guilherme Piso e Georg Marggraf já haviam coletado plantas e registrado usos conhecidos pelos nordestinos. Carl Linnaeus anotava, em seus diários de viagem, dados referentes às culturas visitadas, aos costumes de seus habitantes e ao modo de utilização das plantas, e foi assim que iniciou a história da etnobotânica.

As informações sobre esses recursos naturais foram transmitidas ao longo dos tempos e gerações, o que garantiu a preservação desses saberes. Desde a Antiguidade, existe uma preocupação com o resgate e o entendimento do conhecimento referente ao uso que diferentes povos fazem dos elementos de seu ambiente natural, principalmente os relativos ao mundo vegetal, com destaque para as plantas medicinais.

Todos os grupos culturais utilizam plantas como recurso terapêutico. Por meio de documentos manuscritos, o ser humano foi listando plantas com uso medicinal e descrevendo seus valores terapêuticos. Os comerciantes, missionários, antropólogos e botânicos europeus registravam usos de plantas por outras culturas que diferiam daquelas presentes na Europa.

ETNOBIOLOGIA: O CAMPO DE INSERÇÃO DA ETNOBOTÂNICA

A etnobotânica está inserida no contexto da ciência denominada **etnobiologia**. O termo "etnobiologia" remete a uma união de competências que vão do cultural ao biológico, compreendendo o estudo de relações muito diversas.

Etnobiologia classicamente tem sido definida como o estudo das interações das pessoas e dos grupos humanos com o ambiente, o que leva o termo a ser associado à ecologia humana. Assim, etnobiologia também pode ser definida como o estudo dos conhecimentos e conceitos desenvolvidos por qualquer cultura sobre a biologia.

Apesar de ser uma disciplina recente, a etnobiologia já era objeto de estudo de antropólogos no início do século XIX. Ao estudarem os índios das Américas, eles buscavam entender também suas relações com a natureza. Uma das definições mais completas do termo vem de um antropólogo norte-americano chamado Darrell Posey. Em seu livro *Suma etnológica brasileira*, publicado pela primeira vez em 1945, ele diz que "[...] a etnobiologia é o estudo do conhecimento e das conceituações desenvolvidas por qualquer sociedade a respeito da biologia [...]" (POSEY, 1987). Segundo Posey (1987), esse estudo está diretamente relacionado com a ecologia humana e enfatiza as categorias e conceitos cognitivos do grupo em questão.

O prefixo "etno" é uma forma simplificada de dizer "esta é a maneira como os outros veem o mundo". O fato de esse prefixo anteceder o nome de uma disciplina acadêmica significa que os pesquisadores estão em busca da percepção de determinada comunidade acerca de um dado aspecto do conhecimento científico e/ou cultural.

▶ **Definição**

Etnobiologia: disciplina que tem por objetivo estabelecer o contato entre as classificações biológicas (taxionômicas, morfológicas, biológicas, ecológicas) e as percepções, os conceitos e as classificações feitas por comunidades que, na maioria das vezes, apresentam concepções de vida e mundo diferentes das estabelecidas pelo saber científico.

Abordagens

Há duas abordagens principais em etnobiologia, a saber:

- cognitiva – considera o modo como as culturas percebem e conhecem o mundo biológico;
- econômica – considera o modo como as culturas convertem os recursos biológicos em produtos úteis.

Além dos dois enfoques supracitados, outras abordagens foram surgindo, como mostra o Quadro 2.1.

QUADRO 2.1
Algumas das diferentes abordagens na pesquisa etnobiológica. As definições apresentadas, necessariamente, não representam consenso entre os especialistas.

Abordagem	Definição
Etnobiologia evolutiva	Estuda a história evolutiva dos padrões de comportamento e conhecimento humano sobre a biota, considerando aspectos históricos e contemporâneos que influenciam esses padrões.
Etnobiologia ecológica	Estuda as inter-relações entre pessoas e biota a partir dos referenciais teóricos e metodológicos da ecologia.
Etnobiologia histórica	Estuda a inter-relação entre seres humanos e biota a partir de evidências passadas preservadas em documentos históricos.
Etnobiologia médica	Estuda os sistemas médicos tradicionais a partir do uso, manejo e conhecimento da biota nesses sistemas.
Etnobiologia quantitativa	Envolve o uso de técnicas de estatística multivariada para explorar diferentes aspectos das inter-relações entre pessoas e biota.
Etnobiologia preditiva	Foca a elaboração de modelos quantitativos que permitam predizer o comportamento dos sistemas formados pela inter-relação entre pessoas e biota.
Etnobiologia urbana	Estuda a relação entre pessoas e biota nos ecossistemas urbanos.

Fonte: Albuquerque (2005).

Ramificações

A partir das variadas formas de relação que o ser humano estabelece com os recursos naturais e dos diferentes ramos da biologia, a etnobiologia se divide em disciplinas (Figura 2.1), como:

- etnobotânica;
- etnofarmacologia;
- etnozoologia;
- etnoecologia.

FIGURA 2.1
Etnobiologia e suas principais ramificações.

Entre todas as etnociências, a etnobotânica é a que apresenta o maior número de estudos já realizados na América Latina, sendo a maior parte deles na área de plantas medicinais. Entretanto, a etnozoologia e a etnoecologia também vêm crescendo em número de publicações (Quadro 2.2).

ETNOBOTÂNICA: O ESTUDO DAS RELAÇÕES ENTRE POPULAÇÕES E PLANTAS

O primeiro a definir o termo "etnobotânica" foi um botânico norte-americano, o Dr. Harshberger, em 1895. Segundo ele, **etnobotânica** é o estudo das plantas usadas pelos povos aborígenes ou nativos. Apesar disso, assim como a própria etnobiologia, a etnobotânica já vinha sendo desenvolvida muitos anos antes dessa definição.

▶ *Definição*

Etnobotânica: estudo das relações entre pessoas e plantas, considerando que ambos têm seu papel na definição dessas relações.

QUADRO 2.2
Etnozoologia e etnoecologia: definições e aspectos gerais.

Etnozoologia	Etnoecologia

■ Visa estudar o conhecimento e os usos dos animais por populações humanas.
■ No Brasil, os estudos em etnozoologia ainda são escassos quando comparados àqueles voltados à etnobotânica.
■ Alguns pesquisadores da área afirmam que a pesquisa etnozoológica no Brasil ainda é principiante e admitem que um dos problemas mais sérios para seu estudo em âmbito nacional reside na falta de informações elementares e descritivas sobre a fauna brasileira, aliada a uma amostragem bastante deficiente.
	■ É o estudo etnográfico e comparativo dos sistemas específicos que um grupo humano utiliza na interação com seu meio biofísico e social, ou seja, é a ciência que visa compreender o ser humano e suas percepções sob o olhar da ecologia.
	■ Para compreender de maneira adequada os saberes tradicionais, é necessário entender a natureza da sabedoria local, que se baseia em uma complexa inter-relação entre as crenças, os conhecimentos e as práticas. Assim, a etnoecologia focaliza sua atenção investigativa nos seguintes fatores:
	  □ conhecimentos ambientais do grupo;
	  □ estruturas produtivas;
	  □ formas e frequências de mobilidade;
	  □ cosmologia e ritos religiosos que orientam o uso de conhecimentos e tecnologias.
	■ Faz um inventário de nomes nativos de plantas ou de práticas produtivas do grupo, bem como procura entender sua adaptação como fundamentada em sistemas integrados, dentro de uma lógica própria de transmissão de conhecimento e aprendizagem.

De acordo com a definição de etnobotânica, o ser humano escolhe os recursos vegetais a serem explorados por razões tanto ecológicas quanto culturais, ao passo que a ecologia das plantas utilizadas também define padrões dentro da sociedade humana (p. ex., as épocas específicas de colheita relacionadas a crenças e festividades).

A importância da interdisciplinaridade

Segundo Albuquerque (1997), a etnobotânica é basicamente entendida como a disciplina científica que se ocupa da inter-relação entre plantas e populações humanas e vem recebendo valor por suas implicações ideológicas, biológicas, ecológicas e filosóficas. Essa abordagem está situada na fronteira entre a botânica e a antropologia cultural, por analisar a interação do natural (botânico) com o simbólico (costumes, ritos, crenças, entre outros). Essa área agrega estudos que pretendem solucionar problemas práticos relacionados aos seguintes aspectos:

- desenvolvimento humano;
- conservação da natureza;

> **Importante**
>
> O caráter interdisciplinar da etnobotânica permite demonstrar como os fatores culturais e ambientais se integram, bem como as concepções desenvolvidas por variadas comunidades humanas sobre as plantas e sobre o aproveitamento que se faz delas. A investigação e a compreensão do conhecimento local viabilizam a elaboração de propostas que vão ao encontro dos anseios das comunidades por atuações mais sustentáveis sobre o uso dos recursos naturais.

- uso de recursos e ecossistemas;
- questões de segurança alimentar e saúde pública.

Fatores envolvidos em estudos etnobotânicos

Os estudos etnobotânicos possuem dois pontos principais, a saber:

- coleta de informações sobre o uso das plantas medicinais – é muito importante, pois representa os esforços e as descobertas dos povos tradicionais ao longo de muitos anos e que foram repassadas pelas gerações até os dias de hoje, e, muitas vezes, modificadas ou perdidas;
- coleta das plantas – é necessária para sua identificação e a confirmação da efetividade de seus compostos, para que, então, elas possam ser definitivamente confirmadas como medicinais e se tornarem produtos comercializáveis.

Na verdade, quanto mais detalhadas forem as informações coletadas, maiores serão as chances de a pesquisa trazer subsídios de interesse para avaliar a eficácia e a segurança do uso de plantas para fins terapêuticos. Dessa maneira, esses estudos deveriam envolver os fatores apresentados no Quadro 2.3.

QUADRO 2.3
Fatores envolvidos em um estudo etnobotânico modelo.

Registro dos dados sobre as plantas medicinais relacionadas com a comunidade estudada, coletando-se todas as informações possíveis.
Análise quantitativa da importância cultural ou do nível de uso das diferentes espécies.
Determinação do padrão de variação do conhecimento tradicional e sua relação com os fatores sociais que o afetam.
Análise das estratégias empregadas pela população para o aproveitamento das plantas medicinais.
Determinação da abundância, distribuição e a diversidade das plantas medicinais usadas.
Avaliação do impacto extrativista sobre a estrutura e diversidade dos ecossistemas naturais.
Desenho de projetos de aproveitamento sustentável ou estratégias de conservação dos recursos, considerando os saberes e práticas tradicionais.
Desenvolvimento de mecanismos para o reconhecimento público dos direitos intelectuais das populações estudadas, com a formulação de estratégias para compensá-las por sua participação nas investigações.

Obviamente, o Quadro 2.3 apresenta uma proposta ideal, que depende de um esforço interdisciplinar para seu sucesso.

A relação com a etnofarmacologia

Não se pode deixar de falar também em **etnofarmacologia**, uma disciplina bastante ligada aos estudos etnobotânicos. Tanto a etnobotânica como a etnofarmacologia têm demonstrado ser poderosas ferramentas na busca por substâncias naturais de ação terapêutica.

▶ *Definição*

Etnofarmacologia: ramo da etnobiologia que trata de práticas médicas, especialmente remédios, usadas em sistemas tradicionais de medicina.

A definição mais aceita de etnofarmacologia é a exploração científica interdisciplinar dos agentes biologicamente ativos, tradicionalmente empregados ou observados pelo homem (SIMÕES, 2003). As pessoas que usam remédios tradicionais talvez não entendam a lógica científica inerente aos medicamentos, mas sabem por experiência própria que algumas plantas podem ser altamente eficazes em doses terapêuticas. Dessa forma, os levantamentos etnofarmacológicos fornecem a justificativa para a seleção e investigação científica de plantas medicinais, uma vez que algumas destas têm sido utilizadas com sucesso por um número significativo de pessoas durante longos períodos.

A abordagem etnofarmacológica resgata informações adquiridas junto a usuários da flora medicinal. Quando combinada com estudos químicos e farmacológicos, possui um valor inestimável para a bioprospecção de medicamentos inovadores, seguros e acessíveis. Desse modo, o uso tradicional de plantas pode ser encarado como uma pré-triagem quanto à propriedade terapêutica.

Para exemplificar o que foi dito anteriormente, pode-se destacar que, dos 120 compostos ativos isolados de plantas superiores e utilizados atualmente, 74% têm o mesmo uso terapêutico nas sociedades nativas. No Brasil, ocorre uma investigação ainda pobre; o país possui cerca de 55 mil espécies de plantas, no entanto, apenas 0,4% da flora foi submetida a algum estudo.

A etnobotânica como forma de reduzir os problemas da perda da diversidade e do conhecimento sobre o uso medicinal das plantas

Brasil, México, Equador, Colômbia, Peru, China, Malásia, Índia, Indonésia, Zaire, Madagascar e Austrália são considerados países detentores de megadiversidade. O Brasil é um país dotado de uma biodiversidade extremamente rica. Seu território contém cinco dos principais biomas, a saber:

- a floresta amazônica;
- o cerrado;
- a mata atlântica;
- o pantanal;
- a caatinga.

A biodiversidade torna-se cada vez mais ameaçada devido a uma série de causas naturais e artificiais. Dentre as causas naturais estão os processos de desertificação, as glaciações, as alterações na atmosfera e as atividades vulcânicas. Já em relação às causas artificiais, estão os processos antrópicos, como, por exemplo, a destruição de habitats naturais; introdução de espécies exóticas e invasoras; exploração excessiva de espécies animais e vegetais; caça e pesca sem critérios; tráfico de fauna e flora silvestre; poluição das águas e da atmosfera; ampliação desordenada das fronteiras agropecuárias; crescimento da população humana; industrialização; urbanização e mudanças climáticas. Esse quadro demonstra a necessidade do estabelecimento de estratégias para caracterizar e conservar a diversidade genética e o ecossistema como um todo.

Um aspecto menos discutido na questão na devastação das florestas tropicais refere-se à perda do conhecimento sobre o uso medicinal tradicional das plantas desses locais, acumulado por milênios pelas populações a eles associados. O Brasil é um país com diversas etnias indígenas e culturas, incluindo populações como:

- quilombolas;
- afro-brasileiros;
- caiçaras;
- ribeirinhos;
- jangadeiros.

Infelizmente, todos esses locais e culturas encontram-se seriamente ameaçados.

> **Curiosidade**
>
> Toda a devastação do meio provoca a migração das comunidades, normalmente para centros urbanos, levando a um sério comprometimento da existência e da transmissão contínua de conhecimento adquirido e acumulado ao longo do tempo. Autores chamam esse processo de "queima de biblioteca" e propõem que a etnobotânica seja a forma de proteger a medicina tradicional sobre o uso das plantas medicinais.

Contribuições e possibilidades

O estudo das relações entre pessoas e plantas em diferentes contextos culturais pode ter uma série de implicações tanto para a comunidade científica quanto para a população local. Alguns exemplos de informações relevantes obtidas por meio de pesquisas etnobotânicas são:

- descoberta de novos fármacos;
- técnicas de cultivo e manejo de espécies;
- diversidade de usos de plantas autóctones;
- registro das relações existentes entre diferentes grupos humanos e recursos vegetais.

Assim, diante de todas as propostas e resultados da etnobotânica, pode-se listar uma gama de possibilidades obtidas a partir desses estudos:

> **Dica**
>
> Em áreas que estão sofrendo processos de transformação, como na urbanização de zonas originalmente rurais, os registros das relações entre os grupos humanos e os recursos vegetais podem ser valiosos para evitar que o conhecimento local seja perdido.

- descoberta de substâncias de origem vegetal com aplicações médicas e industriais;
- conhecimento de novas aplicações para substâncias já conhecidas;
- estudo das drogas vegetais e seus efeitos no comportamento individual e coletivo dos usuários diante de determinados estímulos culturais ou ambientais;
- reconhecimento e preservação de plantas potencialmente importantes em seus respectivos ecossistemas;
- documentação do conhecimento tradicional e dos complexos sistemas de manejo e conservação dos recursos naturais dos povos tradicionais;
- promoção de programas para o desenvolvimento e a preservação dos recursos naturais dos ecossistemas tropicais;
- descobrimento de importantes remédios manipulados tradicionalmente e desconhecidos pela ciência.

Implicações éticas e retorno às populações estudadas

Mais importantes do que as considerações sobre o rigor metodológico e os resultados das pesquisas etnodirigidas são as considerações sobre suas implicações éticas, no contexto das discussões atuais sobre o acesso a conhecimentos associados à biodiversidade brasileira e o retorno de resultados das pesquisas. A legislação brasileira atual ainda é limitada para regulamentar essas questões. É preciso que o pesquisador constantemente se questione sobre os benefícios de seu fazer acadêmico ou, ainda, se pergunte: "pesquisa-se o conhecimento de quem para benefício de quem?".

O retorno das informações obtidas por pesquisas etnodirigidas pode ser feito de diferentes modos. Alguns exemplos são apresentados no Quadro 2.4.

> **Importante**
>
> É necessário que a etnobotânica deixe de ser um exercício acadêmico e se coloque a serviço das comunidades de onde saíram as informações. As populações devem ser beneficiadas, ou seja, os estudos etnobotânicos devem possuir reciprocidade.

QUADRO 2.4
Formas de oferecer retorno às populações de locais-alvo de estudos etnobotânicos.

Publicação de livros que enfatizem aspectos culturais importantes para determinada cultura e que, assim, possam ser conhecidos por um número maior de pessoas.
Elaboração de laudos ou textos científicos que auxiliem a população em situações burocráticas.
Organização de cartilhas informativas sobre práticas de plantio, colheita ou fabricação de fitoterápicos, que poderiam trazer mais benefícios para a população.
O próprio produto do estudo, monografias, dissertações e teses, como um documento da população estudada.
Produção de documentários que mostrem o dia a dia na comunidade.

As formas de retorno listadas no Quadro 2.4 constituem um modo não só de beneficiar a população estudada, mas também de agradecê-la pela oportunidade de realizar o trabalho e a possibilidade de encarar o mundo sob outro olhar.

A existência de conhecimento cultural é tão importante para a humanidade quanto a diversidade biológica é para os seres vivos, constituindo um patrimônio comum que deve ser reconhecido e preservado para o benefício das gerações presentes e futuras. A diversidade cultural é a identidade de um povo que tem seu modo de vida constantemente recriado. Portanto, a proteção dessa identidade deve ser feita de um modo que apoie seus portadores e o contexto social e cultural em que eles se encontram.

ATIVIDADES

1. Sobre algumas das abordagens da etnobiologia, correlacione as colunas.

    (1) Evolutiva
    (2) Histórica
    (3) Quantitativa
    (4) Preditiva

    ( ) Utiliza evidências passadas preservadas em documentos históricos para estudar a inter-relação entre pessoas e biota.

    ( ) Envolve o uso de técnicas de estatística multivariada para explorar diferentes aspectos das inter-relações entre pessoas e biota.

    ( ) Considera aspectos históricos e contemporâneos que influenciam os padrões de comportamento e conhecimento humano sobre a biota.

    ( ) Elabora modelos quantitativos que permitam antecipar o comportamento dos sistemas formados pela inter-relação entre pessoas e biota.

    Assinale a alternativa que apresenta a sequência correta.
    (A) 2 – 3 – 1 – 4
    (B) 3 – 2 – 1 – 4
    (C) 3 – 4 – 2 – 1
    (D) 2 – 4 – 3 – 1

2. Sintetize as diferenças conceituais entre etnozoologia e etnoecologia.
3. Defina etnofarmacologia e explique como ela se relaciona com a etnobotânica.
4. Sobre a etnobotânica, assinale **V** (verdadeiro) ou **F** (falso).

    ( ) Um estudo etnobotânico ideal deve incluir a análise quantitativa da importância cultural ou do nível de uso das diferentes espécies.

    ( ) No Brasil, o conhecimento sobre o uso medicinal tradicional das plantas de florestas tropicais está plenamente preservado, devido à ampla proteção da diversidade de etnias indígenas e culturas.

    ( ) Os estudos etnobotânicos permitem descobrir remédios manipulados tradicionalmente e desconhecidos pela ciência.

    ( ) A etnobotânica deve constituir um exercício estritamente acadêmico; assim, os resultados obtidos de estudos etnobotânicos devem ficar restritos à comunidade científica.

Assinale a alternativa que apresenta a sequência correta.

(A) F – F – V – V
(B) F – V – F – V
(C) V – F – V – F
(D) V – V – F – F

REFERÊNCIAS

ALBUQUERQUE, U. P. Etnobotânica: uma aproximação teórica e epistemológica. *Revista Brasileira de Farmácia*. Rio de Janeiro, v. 78, n. 3, p. 60-64, 1997.

ALBUQUERQUE, U. P. *Introdução à etnobotânica*. 2. ed. Rio de Janeiro: Interciência, 2005.

POSEY, D. A. *Suma etnológica brasileira*. Petrópolis: Vozes, 1987. (Etnobiologia, v. 1).

SIMÕES, C. M. O. et al. (Org.). *Farmacognosia: da planta ao medicamento*. 5. ed. Florianópolis: UFSC, 2003.

LEITURA RECOMENDADAS

ALBUQUERQUE, U. P.; HANAZAKI, N. As pesquisas etnodirigidas na descoberta de novos fármacos de interesse médico e farmacêutico: fragilidades e pespectivas. *Revista Brasileira de Farmacognosia*. João Pessoa, v. 16, Supl., p., 678-689, dez. 2006.

ALBUQUERQUE, U. P.; LUCENA, R. F. P. Can apparency affect the use of plants by local people in tropical forests? *Interciencia*. Caracas, v. 30, n. 8, p. 506-511, Aug. 2005.

MORAN, K. Indigenous peoples and local communities embodying traditional lifestyles: definitions under Article 8(j) of the Convention on Biological Diversity. In: IWU, M.; WOOTTON, J. (Ed.). *Ethnomedicine and drug discovery*. New York: Elsevier, 2002. v. 1, p. 181-189.

3

PARTES DAS PLANTAS: RAIZ, CAULE, FLOR, FOLHAS, FRUTOS E SEMENTES

Siomara da Cruz Monteiro

Objetivos de aprendizagem

- Definir raiz, caule, flor, folhas, frutos e sementes.
- Explicar quais são as principais funções das partes das plantas.
- Descrever a estrutura física das partes das plantas.
- Discutir o potencial medicinal das partes das plantas.

INTRODUÇÃO

Hoje em dia já se sabe, por meio de publicações científicas e aprovações de novos medicamentos, que as plantas medicinais vão muito além da magia ou do conhecimento popular. Conhecer a biodiversidade e a utilização das plantas para uso medicinal torna-se essencial para um maior aproveitamento dos vegetais a favor da prevenção e da promoção da saúde.

O Brasil possui a maior biodiversidade do mundo e, consequentemente, é a maior fonte de raízes, caules, folhas, flores, frutos e sementes que contêm potencialmente matérias-primas para novos medicamentos. Além disso, muitas pessoas utilizam as partes das plantas, como as folhas, no preparo de chás curativos.

No contexto do uso de plantas medicinais, é essencial conhecer cada uma de suas partes, incluindo suas funções e aplicações à saúde. Este capítulo revisará alguns conceitos importantes sobre o assunto, sem ter o objetivo de se aprofundar no tema.

RAIZ

Muitas vezes, para a realização de suas tarefas, há um aumento na superfície de absorção das **raízes**. Em raras oportunidades elas precisam se dobrar ou flexionar, pois se encontram comumente em meios mais ou menos sólidos.

▶ Definição

Raiz: parte da planta responsável por sua "alimentação", incluindo o suporte mecânico, a absorção de água e sais minerais e a condução de matéria orgânica até o caule, além da reserva dos nutrientes essenciais à vida do vegetal.

A raiz primária típica é delimitada por uma epiderme. Sob ela fica o córtex, que tem uma ou várias camadas e é delimitado internamente por uma endoderme. Em seguida, há o pecíolo, com o sistema vascular na parte central. A Figura 3.1 apresenta as partes da raiz.

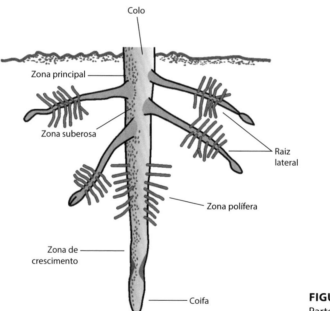

FIGURA 3.1
Partes da raiz.

A raiz é um órgão vegetal que precisa sofrer forças de tensão ou de atração. Além de fixar e absorver de nutrientes, ela assume outras funções, como, por exemplo, a de abrigar sínteses de importantes substâncias vegetais, como os hormônios citocianina e gliberdina.

As raízes são estruturas multicelulares de esporófilos de plantas vasculares que normalmente são subterrâneas. Quanto ao habitat, elas podem ser classificadas como:

- subterrâneas – quando se dispõem sobre o solo;
- aquáticas – quando estão submersas na água;
- aéreas – quando ficam acima do solo.

Algumas raízes não são raízes especificamente, e sim **rizomas**.

▶ *Definição*

> **Rizoma**: tipo de caule subterrâneo que pode ter partes aéreas e cresce horizontalmente.

Os rizomas acumulam substâncias nutritivas e possuem gemas laterais, ao contrário das raízes. Eles são importantes como órgãos de reprodução vegetativa ou assexuada de diversas plantas.

Há raízes que são verdadeiras fontes medicinais e podem também enriquecer ou diversificar a alimentação humana. Existem muitos relatos de que elas eliminam dores e inflamações e reduzem os níveis de gordura no sangue, além de terem poderes antioxidantes. Algumas raízes que têm potencial medicinal são:

- o gengibre;
- a cúrcuma;
- a zedoária;
- a galanga;
- a pavoca.

Outro exemplo de raiz medicinal é a raiz-vermelha (*Ceanothus americanus*), também conhecida como "arbusto-lilás". Ela pertence à família Rhamnaceae e possui várias indicações, como, por exemplo, para tratar amigdalite, bronquite, febre, asma, entre outras.

CAULE

O **caule**, conhecido como a "espinha dorsal" da planta, além de ser uma estrutura física de inserção, desempenha as funções de condução de água e sais minerais das raízes para as folhas e de matéria orgânica das folhas para as raízes. Possui várias denominações, como pode ser visto no Quadro 3.1.

▶ *Definição*

> **Caule**: parte da planta responsável pela integração de raízes e folhas do ponto de vista estrutural e funcional.

QUADRO 3.1
Denominações do caule.

Denominação	Aplicação
Estolão	Nas plantas suculentas e trepadeiras
Estipe	Nos coqueiros e nas palmeiras
Tronco	Nas árvores
Haste	Nas plantas rasteiras e tenras
Colmo	Quando está dividido em nós e entrenós

O caule pode estar modificado, sendo conhecido pelos seguintes termos:

- espinho;
- gavinha;
- bulbo;
- rizoma.

O caule primário tem epiderme, córtex e, com frequência, uma camada de separação distinta, como a endoderme. Os caules apresentam grande diversidade de estrutura em sua histologia, típica de espécie, gênero ou família.

Potencial medicinal

Um exemplo de caule com propriedades medicinais é a cavalinha (*Equisetum giganteum* L.), rica em minerais. Com suas longas hastes, a cavalinha possui propriedades diuréticas, anti-infecciosas e antiprostáticas.

FLOR

A **flor** é uma parte vegetal geralmente atrativa, com o objetivo de aproximar os polinizadores. O desabrochar de uma planta significa que esta está apta a se reproduzir. Quando a planta floresce, ela está em sua fase mais crítica, com toda a energia direcionada a essa atividade.

▶ Definição

Flor: parte da planta responsável pela perpetuação das espécies vegetais, por ser a portadora do pólen, o órgão que garante sua reprodução.

Nos vegetais, a parte masculina é denominada "estame". As partes femininas, por sua vez, são chamadas de "pistilo" ou "estigma" e "ovário". É no ovário que os agentes da natureza depositam o pólen, fecundando o óvulo. Substituir pelo parágrafo abaixo:

Nos vegetais, o Androceu é o órgão reprodutor masculino, formado por um conjunto de estames, e o Gineceu é o órgão reprodutor feminino, composto por folhas modificadas denominadas pistilos ou carpelos.

Para a maioria dos observadores, duas características das flores são notáveis: o tamanho e a cor. Muitas partes das flores são folhas modificadas, que durante o desenvolvimento dos vegetais superiores tiveram funções específicas para a reprodução:

- o cálix;
- a corola;
- o androceu;
- o gineceu;
- o estigma;
- o pistilo.

Potencial medicinal

Embora as flores possuam grande importância botânica, um pequeno número delas é utilizado para fins medicinais em fitoterapia ou farmácia. Alguns exemplos importantes são a camomila (*Matricaria recutita* L.) e a calêndula (*Calendula officinalis* L.)

FOLHA

As **folhas** são órgãos laterais que crescem sobre os caules, abaixo de seus pontos de crescimento, e se desenvolvem a partir de primórdios foliares – saliências meristemáticas localizadas acima da superfície geral da protoderme, tecido meristemático que origina a epiderme – nas gemas.

▶ *Definição*

Folha: parte da planta responsável por funções primordiais de seres vivos do reino vegetal, como fotossíntese, respiração e transpiração.

FIGURA 3.2
Folha de *Cannabis sativa* é um exemplo de folha palinactódroma que possui uma folha repartida na base em diversos braços ou lobos.
Fonte: Lazy clouds/shutterstock.com/.

As folhas apresentam uma variedade de formas, podendo ser lanceoladas, oblíquas, lineares, entre outras. A maioria tem dois componentes nas nervuras vasculares: um sistema principal e um secundário.

A folha pode ser simples, contendo uma única lâmina, ou composta. Ela é constituída de lamínula e pecíolo, um cabinho que une a folha ao caule e possui uma distribuição alternada, composta ou verticulada. Para proteger a planta, muitas vezes a folha assume a forma de espinho.

Alguns processos fisiológicos importantes ocorrem nas folhas (Quadro 3.2), como:

- fotossíntese;
- transpiração;
- respiração;
- gutação.

QUADRO 3.2
Processos fisiológicos que ocorrem nas folhas.

Fotossíntese	Processo pelo qual as plantas que são clorofiladas – ou seja, possuem a coloração verde –, sob ação da luz solar, retiram os sais minerais e a seiva bruta (água) do solo e o gás carbônico (CO_2) do ar, transformando esses elementos em seiva elaborada e, ao mesmo tempo, liberando o oxigênio (O_2) para a atmosfera.
Transpiração	Eliminação de água pela planta sob a forma de vapor.
Respiração	Absorção do oxigênio e liberação de gás carbônico pela planta na ausência de luz.
Gutação	Eliminação de água pela planta no estado líquido.

Os cloroplastos são um tipo de **plasto**. Eles são responsáveis pela realização da fotossíntese e a sintetização de lipídeos e aminoácidos que constituem sua membrana. Podem ter formas e tamanhos diferentes, que variam conforme o tipo de planta.

▶ *Definição*

Plastos: organelas citoplasmáticas que possuem cor verde, devido à presença de clorofila, e estão presentes em células de plantas e algas em regiões com a presença de luz.

Potencial medicinal

A catinga-de-mulata (*Tanacetum vulgare*) é uma planta herbácea perene e muito robusta. Ela tem folhas pinadas com numerosos folíolos profundamente dentados, possui cor verde-escura e é aromática. Suas flores são pequenas e amareladas, levemente douradas, e desabrocham no verão.

A catinga-de-mulata tem diversas indicações, como, por exemplo, para tratar contusões, dores articulares, entorses e, até mesmo, epilepsia. Tanto as flores quanto as folhas podem ser utilizadas para fins medicinais.

Com relação ao uso de folhas com potencial medicinal, pode-se citar, ainda, o sumo da folha da babosa (*Aloe vera*). Ele é utilizado como xampu anticaspa, no combate à queda de cabelos e para a higiene de hemorroidas, eczemas e úlceras.

FRUTO

Em botânica, os **frutos** são estruturas presentes em todas as angiospermas, originando-se do desenvolvimento do ovário após a fecundação da flor. Assim, os frutos consistem nos ovários fecundados, onde as sementes ficam protegidas enquanto amadurecem.

▶ *Definição*

Fruto: parte da planta responsável pela proteção das sementes.

Alguns frutos secam e se abrem na maturação, liberando as sementes sobre o solo, outros expelem as sementes de forma explosiva, arremessando-as a grandes distâncias. Os homens e os animais que se alimentam dos frutos levam as sementes para outros locais, provocando a proliferação das espécies.

Em geral, os frutos são carnosos, bastante hidratados e suculentos, como, por exemplo, o abacate; estes dependem dos animais, que transportam suas sementes para outro local. Alguns frutos são espinhosos ou providos de pelos, o que facilita seu transporte para outros locais.

A parede do fruto, denominada pericarpo, é dividida em três regiões:

- externa (exocarpo);
- central (mesocarpo);
- interna (endocarpo).

Há muitas variações na aparência e na consistência dessas camadas. Nos frutos secos, é comum o mesocarpo ou o epicarpo estarem suprimidos, enquanto a camada restante assume uma consistência lenhosa. Nas melancias (*Citrullus lanatus*), o mesocarpo é uma camada espessa e resistente, e o endocarpo corresponde à polpa vermelha em seu interior.

A superfície do fruto de algumas famílias possui membros com características que facilitam sua identificação (p. ex., a presença de células pegajosas e tricomas pegajosos). Assim, a distribuição das células pegajosas da epiderme, ocorrendo separadamente ou em grupos, pode ser utilizada para identificar algumas espécies.

Importante

Todos os frutos partem do mesmo plano básico de três camadas, mas cada um deriva de uma maneira ou de outra em direção a características próprias.

Potencial medicinal

O figo (*Ficus carica*) é um fruto medicinal indicado como laxante. Ele pode ser encontrado na forma farmacêutica de xarope.

SEMENTE

A **semente** é o óvulo maduro e já fecundado e resulta do desenvolvimento do óvulo após a fecundação da flor. É formada por tegumento, embrião e endosperma, que a envolvem. Em seu interior está o embrião, que, ao se desenvolver, dará origem a uma nova planta.

> ### ▶ *Definição*
>
> **Semente**: parte da planta responsável pela preservação das espécies.

As sementes contêm as reservas de alimento para possibilitar que o vegetal germine e se desenvolva até estar apto a realizar a fotossíntese. No brotamento, algumas se dividem em duas, como o feijão, enquanto outras se mantêm inteiras, como o milho. Em geral, os envoltórios das sementes são compostos pelos tegumentos internos e externos dos óvulos.

Uma semente, quando amassada, contém duas substâncias:

- suco – a planta crescerá a partir dele quando encontrar as condições desejadas;
- suprimento de reserva – servirá para o primeiro estágio de desenvolvimento do vegetal, depois da formação completa dos órgãos responsáveis pela alimentação.

O suprimento de reserva desenvolve-se a partir de um embrião denominado "fixosperma", proveniente da planta-mãe. O endosperma torna-se, então, rico em óleo ou amido e proteínas, dependendo da espécie de semente.

Em algumas espécies, o embrião é envolto em endosperma, que será usado pela semente durante a germinação. Em outras, o endosperma é absorvido pelo embrião durante a formação da semente, e seus cotilédones passam a armazenar o alimento. As sementes destas espécies, quando maduras, passam a não ter mais endosperma. O embrião da semente divide-se em duas principais partes: **radícula** e **gêmula**.

> ### ▶ *Definição*
>
> **Radícula**: primeira parte da semente a emergir durante a germinação, constituindo a parte do embrião da semente que se transformará em raiz.
> **Gêmula**: parte do embrião que originará as primeiras folhas da planta.

Potencial medicinal

As sementes da abóbora (*Cucurbita pepo*) possuem esteroides, fitosteróis, ácidos graxos e vitamina E. Elas têm ação sobre a próstata, na hiperplasia benigna dessa glândula nos estágios I e II.

ATIVIDADES

1. Com relação às principais funções de cada parte da planta, correlacione as colunas.

    (1) Raiz
    (2) Caule
    (3) Flor
    (4) Folha
    (5) Fruto
    (6) Semente

    ( ) Responsável pela perpetuação das espécies vegetais.
    ( ) Responsável pela integração de outras duas partes da planta do ponto de vista estrutural e funcional.
    ( ) Responsável pela preservação das espécies vegetais.
    ( ) Responsável pela alimentação da planta.
    ( ) Responsável por funções como fotossíntese e transpiração.
    ( ) Responsável pela proteção do óvulo maduro e fecundado da planta.

    Assinale a alternativa que apresenta a sequência correta.

    (A) 5 – 3 – 1 – 2 – 6 – 4
    (B) 3 – 2 – 1 – 4 – 6 – 5
    (C) 5 – 3 – 6 – 4 – 1 – 2
    (D) 3 – 2 – 6 – 1 – 4 – 5

2. Cite três indicações medicinais da raiz-vermelha.

3. Assinale a alternativa que melhor descreve o processo de gutação, realizado pela folha.

    (A) Transformação de sais minerais, água e gás carbônico em seiva elaborada e liberação de oxigênio para a atmosfera.
    (B) Eliminação de água pela planta no estado líquido.
    (C) Eliminação de água pela planta no estado gasoso.
    (D) Absorção do oxigênio e liberação de gás carbônico pela planta na ausência de luz.

4. Sobre os frutos e as sementes, assinale **V** (verdadeiro) ou **F** (falso).

    ( ) As sementes de abóbora têm ação nos estágios iniciais da hiperplasia benigna da próstata.
    ( ) A aparência e a consistência das camadas dos frutos podem variar muito, mas todos eles partem de um plano básico de três camadas.
    ( ) A radícula é a parte do embrião que originará as primeiras folhas da planta.
    ( ) O fruto consiste no óvulo maduro e já fecundado e resulta do desenvolvimento do óvulo após a fecundação da flor.

    Assinale a alternativa que apresenta a sequência correta.

    (A) F – V – F – V
    (B) F – F – V – V
    (C) V – V – F – F
    (D) V – F – V – F

REFERÊNCIA

MUNDO BIOLOGIA. *As partes das plantas e suas funções*. [S.l.]: Mundo Biologia, 2014. Disponível em: <http://www.mundobiologia.com/2014/04/as-partes-das-plantas-e-suas-funcoes.html#ixzz4G0WxKkBQ>. Acesso em: 02 abr. 2017.

LEITURAS RECOMENDADAS

BRESINSKY, A. et al. *Trata do de Botânica de Strasburger*. 36. ed. Porto Alegre: Artmed, 2011.

CUTLER, D. F.; BOTHA, T.; STEVENSON, D. W. *Anatomia vegetal*: uma abordagem aplicada. Porto Alegre: Artmed, 2011.

GASPAR, L. *Plantas medicinais*. Recife: Fundação Joaquim Nabuco, 2009. Disponível em: <http://basilio.fundaj.gov.br/pesquisaescolar/>. Acesso em: 02 abr. 2017.

HEINRICH, M. et al. *Fundamentals of pharmacognosy and phytotherapy*. 2nd ed. Churchill Livingstone: Elsevier, 2012.

4
CARACTERÍSTICAS ADAPTATIVAS DAS PLANTAS

Siomara da Cruz Monteiro

Objetivos de aprendizagem

- Listar as premissas que dão base às adaptações sofridas pelos vegetais.
- Diferenciar o impacto construtivo de estresse destrutivo na questão da adaptabilidade das plantas.
- Distinguir: adaptação modulativa, modificativa e evolutiva.
- Explicar a influência de fatores climáticos, como a resistência a baixas temperaturas e ao calor, na adaptabilidade das plantas.

INTRODUÇÃO

A ecologia científica se ocupa das interações entre os organismos e seu meio ambiente. Ela abrange todos os níveis de integração, do organismo individual até a biosfera. Neste capítulo, será abordada a ecologia das plantas, com ênfase na questão adaptativa.

Para essa discussão, é relevante conhecer algumas premissas, fundamentadas por vários estudiosos, que embasam as adaptações que os vegetais podem sofrer:

- toda população crescente não perturbada atinge uma limitação de recursos;
- caso tenha maior fertilidade ou menor mortalidade, uma espécie é substituída por outra em um espaço vital;
- duas espécies só podem coexistir indefinidamente se ocuparem nichos fundamentais distintos;
- a densidade do conjunto de plantas influencia as populações ou as comunidades, de modo que o número de indivíduos se estabiliza ou sofre mutações cíclicas;
- a energia disponível tende a diminuir ao longo da cadeia alimentar.

> **Importante**
>
> Nem todo desvio de um ótimo fisiologismo para o crescimento das plantas é considerado um estresse. Sem os desvios periódicos da faixa vital mais favorável, a maioria das plantas não sobreviveria a picos de impactos.

IMPACTOS CONSTRUTIVOS *VERSUS* ESTRESSE DESTRUTIVO

Os recursos disponíveis às plantas são os nutrientes do solo, a água, a radiação solar, os simbiontes e os polinizadores. Outros recursos que têm sido discutidos são a temperatura, como fonte de calor, o espaço e o tempo. Com isso, sabe-se que a limitação das premissas supracitadas é um fenômeno intrínseco à vida.

Alguns impactos construtivos e condicionantes para as plantas são:

- a falta periódica de água;
- as mudanças de temperatura;
- o efeito do vento;
- as variações de radiação.

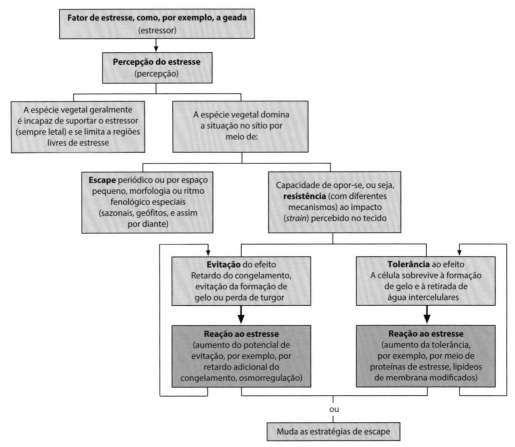

FIGURA 4.1
Reações das plantas ao estresse.
Fonte: Bresinsky et al. (2011, p. 952).

Mesmo reduzindo um pouco a produção de biomassa, todos têm um efeito preparatório ou de desenvolvimento.

O estresse destrutivo distingue-se das oscilações de impactos indispensáveis à vida das plantas. Um mesmo fator de estresse, como a falta de água, pode destruir uma espécie, enquanto para outra pode ser rotineiro e vantajoso. As respostas ao estresse são distintas e dependem da espécie vegetal e do tipo de estressor. Não há um esquema geral de ação estressante.

ADAPTABILIDADE

A adaptabilidade é uma consequência do efeito evolutivo do estresse, em que os efeitos graves são bem suportados ou, até mesmo, deixam de atuar como fatores de estresse. A adaptação ocorre com a participação de processos ativos (p. ex., a formação de cutículas espessas em folhas de plantas expostas ao sol).

São três as categorias de caracteres adaptativos (Quadro 4.1):

- caracteres moduladores ou aclimativos;
- caracteres modificativos;
- caracteres evolutivos, fixados geneticamente.

QUADRO 4.1
Caracteres de adaptação das plantas.

	Adaptação modulativa	Adaptação modificativa	Adaptação evolutiva
Descrição	Designa modificações reversíveis do fenótipo durante a vida de um órgão ou de uma planta inteira.	Refere-se, em geral, a modificações irreversíveis de um órgão de uma planta.	Diz respeito a propriedades hereditárias que não podem ser modificadas.
Exemplo	Aquisição de resistência ao congelamento sob a influência de baixas temperaturas.	Incapacidade de uma folha de sol adulta de se transformar em uma folha de sombra.	Suculência.

Importante

O congelamento é o primeiro filtro ambiental que uma espécie vegetal deve atravessar antes de se estabelecer em áreas sujeitas a temperaturas baixas.

Fatores climáticos

Entre os fatores climáticos que determinam a distribuição das plantas na Terra, a oferta de água e a resistência a temperaturas extremamente baixas são os mais decisivos.

As plantas que passam pela seleção relativa a temperaturas muito baixas são resistentes e, em geral, não vulneráveis a outros fatores que possam comprometer suas existências. Plantas cujas partes aéreas não são suficientemente resistentes a baixas temperaturas podem sobreviver ao período crítico sob a forma de sementes ou de órgãos subterrâneos.

A resistência ao congelamento significa o impedimento da formação de cristais de gelo no citoplasma, o que seria letal. Os dois mecanismos de resistência ao congelamento são os seguintes:

- impedimento do congelamento (*super cooling*) – prevenção persistente contra a formação de gelo sob temperaturas negativas;
- tolerância ao resfriamento – forma especial da tolerância à dessecação.

A resistência ao calor situa-se em cerca de 50 a 55°C para as plantas superiores. Os danos causados por temperaturas elevadas são determinados pelos seguintes fatores:

- morfologia da planta;
- distância de sua parte aérea em relação ao solo;
- sombreamento na base do caule, que é gerado pela própria planta;
- disponibilidade de água.

Muitas espécies conseguem superar situações de extremo calor por resfriamento através da transpiração. Se suas raízes não alcançam as reservas de água do solo, as plantas perdem suas folhas ou permanecem com sementes.

Em muitas partes do mundo, o fogo também é um fator ecológico importante para o desenvolvimento de ecossistemas e o estabelecimento de uma composição florística característica. As plantas sofrem, nesse caso, uma adaptação.

As fisionomias típicas de alguns dos grandes biomas são resultado da interferência do fogo, como, por exemplo, a vegetação semiárida arbustiva.

ATIVIDADES

1. Sobre as premissas que embasam as adaptações que os vegetais podem sofrer, assinale a alternativa correta.
   (A) Caso tenha menor fertilidade ou maior mortalidade, uma espécie é substituída por outra em um espaço vital.
   (B) Duas espécies só podem coexistir indefinidamente se ocuparem nichos fundamentais idênticos.
   (C) Toda população crescente não perturbada atinge uma limitação de recursos.
   (D) A energia disponível tende a aumentar ao longo da cadeia alimentar.
2. Diferencie adaptação modulativa, modificativa e evolutiva.
3. Sobre os fatores climáticos que influenciam a adaptabilidade das plantas, assinale **V** (verdadeiro) ou **F** (falso).
   ( ) As plantas que passam pela seleção relativa a temperaturas muito baixas, em geral, são mais vulneráveis a outros fatores que possam comprometer suas existências.
   ( ) O fogo pode influenciar o estabelecimento de uma composição florística característica.
   ( ) É possível que plantas cujas partes aéreas não são suficientemente resistentes a baixas temperaturas sobrevivam ao período crítico sob a forma de sementes ou de órgãos subterrâneos.
   ( ) A resistência ao calor situa-se em cerca de 70 a 80°C para as plantas superiores.

Assinale a alternativa que apresenta a sequência correta.

(A) V – F – F – V
(B) F – V – F – V
(C) V – F – V – F
(D) F – V – V – F

REFERÊNCIA

BRESINSKY, A. et al. *Tratado de Botânica de Strasburger*. 36. ed. Porto Alegre: Artmed, 2011.

LEITURA RECOMENDADA

RAVEN, J. A.; EDWARDS, D. Roots: evolutionary origins and biogeochemical significance. *Journal of Experimental Botany*, v. 52, Suppl. 1, p. 381-401, 2001.

5
METABOLISMO VEGETAL

Clara Lia Costa Brandelli

Objetivos de aprendizagem

- Definir metabolismo.
- Diferenciar o metabolismo primário do metabolismo secundário dos vegetais.
- Esquematizar as rotas biossintéticas do metabolismo secundário das plantas.
- Classificar os metabólitos secundários.
- Citar as características e as funções dos principais metabólitos secundários presentes nas plantas.
- Listar os fatores que influenciam a síntese de metabólitos secundários nos vegetais.

INTRODUÇÃO

Uma das características dos seres vivos é a presença de atividade **metabólica**. As reações que ocorrem são catalisadas por uma gama de enzimas, trazendo os seguintes benefícios para o organismo:

- suprimento de energia;
- renovação das moléculas;
- garantia da continuidade do estado organizado.

▶ Definição

Metabolismo: conjunto total das transformações químicas das moléculas orgânicas que acontecem continuamente nas células vivas.

Neste capítulo, será abordado o metabolismo das plantas, com ênfase nos metabólitos secundários.

METABÓLITOS: CONCEITO

As reações metabólicas possuem certa direção, devido à presença de enzimas específicas. Assim, elas estabelecem as rotas metabólicas, visando ao aproveitamento de nutrientes para satisfazer as exigências fundamentais da célula. Os compostos químicos formados, degradados ou transformados por essas reações são denominados "metabólitos".

As reações enzimáticas envolvidas são designadas, respectivamente, como "anabólicas", "catabólicas" e "de biotransformação". A finalidade dessas reações é o aproveitamento de nutrientes para satisfazer as exigências básicas das células, a saber:

- obtenção de energia (por meio de ATP);
- aquisição de poder redutor (por meio de NADPH);
- biossíntese das substâncias vitais à sua sobrevivência, as **macromoléculas**.

▶ *Definição*

Macromoléculas: produtos resultantes da biossíntese da maior parte do carbono, do nitrogênio e da energia dos organismos.

METABÓLITOS PRIMÁRIOS

As macromoléculas são constituintes celulares essenciais à sobrevivência de todos os seres vivos – tanto de uma célula vegetal quanto de uma célula animal –, como carboidratos, lipídeos, proteínas, ácidos nucleicos e, no caso da célula vegetal, clorofila. Por serem metabólitos com funções essenciais à vida, com distribuição universal entre os seres vivos e grande produção em uma célula, têm sido definidas como integrantes do metabolismo primário (Figura 5.1). Na célula vegetal, elas desempenham funções essenciais, como:

- fotossíntese;
- respiração;
- transporte de solutos.

METABÓLITOS SECUNDÁRIOS

Vegetais, microrganismos e animais (em menor escala) apresentam todo um arsenal metabólico capaz de produzir e acumular substâncias que não são necessariamente vitais ao organismo produtor. Elas são produzidas e armazenadas por organismos específicos e possuem bioquímica e metabolismo únicos, ou seja, caracterizam-se como elementos de diferenciação e especialização. Todo esse conjunto metabólico é denominado "metabolismo secundário".

Farmacobotânica **45**

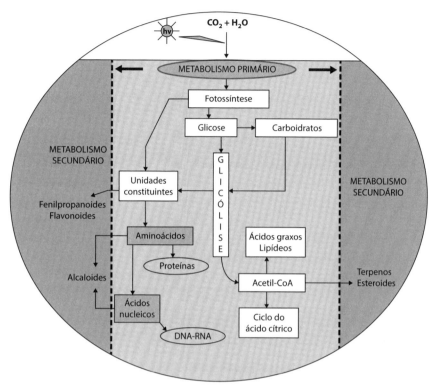

FIGURA 5.1
Elementos do metabolismo primário e sua relação com o metabolismo secundário de vegetais.
Fonte: Ávalos García e Carril (2009, p. 120).

> *Dica*
>
> Os metabólitos secundários não possuem uma distribuição universal, pois não são necessários a todas as plantas. Como consequência prática, eles podem ser utilizados em estudos taxonômicos (quimiossistemática).

Os produtos do metabolismo secundário – **metabólitos secundários** –, embora não sejam necessariamente vitais para o organismo produtor, garantem certas vantagens para sua sobrevivência e para a perpetuação de sua espécie em seu meio.

Embora o metabolismo secundário nem sempre seja necessário para que uma planta complete seu ciclo de vida, ele desempenha um papel importante na interação das plantas com o meio ambiente. No passado, os metabólitos

▶ *Definição*

Metabólitos secundários: moléculas de estrutura complexa de baixo peso molecular que, diferentemente dos metabólitos primários, apresentam-se em baixas concentrações em determinados grupos de plantas.

secundários foram considerados produtos de excreção do vegetal, no entanto, atualmente se sabe que diversas dessas substâncias estão envolvidas em mecanismos que permitem a adequação do vegetal ao meio e apresentam atividades biológicas marcantes. Assim, despertam grande interesse, não só pelas atividades biológicas exercidas pelas plantas em resposta aos estímulos do meio ambiente, como também por sua imensa atividade farmacológica.

A Figura 5.2 resume as principais diferenças observadas entre os metabolismos primário e secundário nos vegetais.

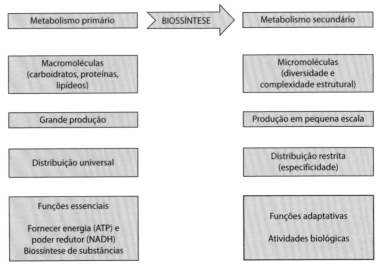

FIGURA 5.2
Diferenças básicas entre o metabolismo primário e o metabolismo secundário de vegetais.

Rotas metabólicas

Como já mencionado e visualizado na Figura 5.1, as rotas metabólicas do metabolismo primário na maioria das células vivas são bastante semelhantes. As rotas metabólicas dos metabólitos secundários (Figura 5.3), por sua vez, muitas vezes só são ativadas durante alguns estágios particulares de crescimento e desenvolvimento ou em períodos de estresse causados por limitações nutricionais ou ataques de predadores.

A origem de todos os metabólitos secundários pode ser resumida a partir do metabolismo da glicose, via dois intermediários principais, a saber:

- ácido chiquímico – precursor de taninos hidrolisáveis, cumarinas, alcaloides derivados dos aminoácidos aromáticos e fenilpropanoides, compostos que têm em comum a presença de um anel aromático em sua constituição;
- acetato – precursor de aminoácidos alifáticos e alcaloides derivados deles: terpenoides, esteroides, ácidos graxos e triacilgliceróis.

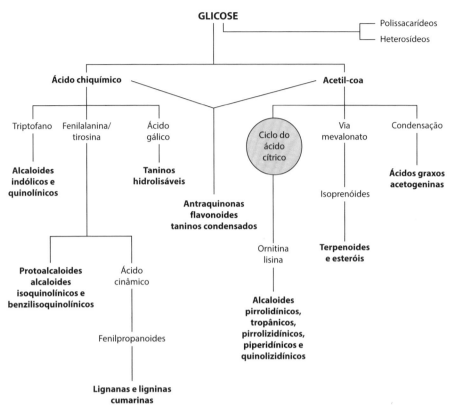

FIGURA 5.3
Rotas biossintéticas do metabolismo secundário.
Fonte: Adaptada de Simões (2003).

Grupos

Considera-se a existência de três grandes grupos de metabólitos secundários (Quadro 5.1).

QUADRO 5.1
Grupos de metabólitos secundários e compostos dos quais eles derivam.

Terpenos	Compostos fenólicos	Alcaloides
■ Ácido mevalônico (no citoplasma). ■ Piruvato (no cloroplasto). ■ 3-Fosfoglicerato (no cloroplasto).	■ Ácido chiquímico. ■ Ácido mevalônico.	■ Aminoácidos aromáticos (triptofano, tirosina), que derivam do ácido chiquímico. ■ Aminoácidos alifáticos (ornitina, lisina).

A seguir, será fornecida uma visão geral desses grupos de metabólitos secundários básicos.

Terpenos

▶ Definição

Terpenos: são substâncias constituintes do grupo mais numeroso de metabólitos secundários, com mais de 40 mil moléculas diferentes, derivadas da via acetato-mevalonato e formadas pela condensação de unidades de isopreno, uma molécula que possui cinco unidades de carbono (C5).

Classificação

Os **terpenos** são classificados de acordo com o número de unidades de isopreno que entraram em sua montagem. Os mais comumente encontrados são os seguintes:

- monoterpeno (C10);
- sesquiterpeno (C15);
- diterpeno (C20);
- terpenoides (derivados oxigenados dos terpenos supracitados).

Os terpenos e terpenoides possuem funções variadas nos vegetais, como as apresentadas no Quadro 5.2.

QUADRO 5.2
Funções de terpenos e terpenoides nos vegetais.

Monoterpenos	Sesquiterpenos	Diterpenos	Triterpenoides e derivados
■ Polinizar plantas, atraindo insetos.	■ Proteger contra fungos e bactérias.	■ Dar origem aos hormônios de crescimento do vegetal.	■ Proteger contra herbívoros. ■ Atuar como antimitótico. ■ Germinar sementes. ■ Inibir o crescimento das raízes.

Outras funções, usos e características dos terpenos serão apresentados a seguir.

Monoterpenos

Os monoterpenos, devido a seu baixo peso molecular, costumam ser substâncias bastante voláteis, sendo, portanto, denominados "óleos essenciais" ou "essências". Contudo, nem todos os óleos voláteis são terpenoides; alguns podem ser compostos fenólicos (fenilpropanoides).

Os monoterpenos são altamente hidrofóbicos, e seus efeitos biológicos resultam de sua interação com a membrana plasmática dos microrganismos. O Quadro 5.3 apresenta exemplos de onde eles podem ocorrer e estar estocados.

QUADRO 5.3
Exemplos locais de ocorrência e estoque de monoterpenos em plantas.

Locais de ocorrência	Locais de estoque
■ Pelos glandulares (*Lamiaceae*).	■ Flores (laranjeira).
■ Células parenquimáticas diferenciadas (*Lauraceae, Piperaceae, Poaceae*).	■ Folhas (capim-limão, eucalipto, louro).
	■ Cascas dos caules (canelas).
■ Canais oleíferos (*Apiaceae*).	■ Madeiras (sândalo, pau-rosa).
■ Bolsas lisígenas ou esquizolisígenas (*Pinaceae, Rutaceae*).	■ Frutos (erva-doce).

Os óleos essenciais nas plantas possuem dupla função, conforme apresentado a seguir.

- Atrair polinizadores (principalmente os noturnos) – os mais conhecidos são o limoneno (constituinte do limão) e o mentol (constituinte da menta) (Figura 5.4), que têm um cheiro agradável também para os seres humanos.
- Repelir insetos (pragas) – um exemplo clássico é a piretrina (Figura 5.4). Esses compostos são inseticidas naturais derivados do cravo-de-defunto (*Chrysanthemum* spp.). Por serem extremamente voláteis, têm sido úteis para o desenvolvimento de inseticidas domésticos para repelir pernilongos.

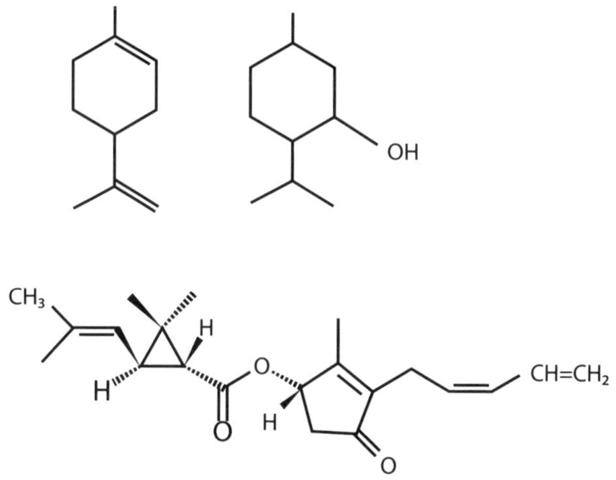

FIGURA 5.4
Estruturas dos óleos voláteis limoneno, mentol e piretrina.

Sesquiterpenos

Os sesquiterpenos são comumente utilizados como componentes de:

- fragrâncias;
- cosméticos;
- produtos de limpeza;

- desinfetantes;
- aditivos alimentares;
- medicamentos.

Esse uso se deve ao aroma e às propriedades antimicrobianas que tais compostos possuem.

Diterpenos

Os diterpenos normalmente estão associados às resinas de muitas plantas. No entanto, o principal papel desempenhado por um diterpeno é o das **giberelinas**.

▶ *Definição*

Giberelinas: importantes hormônios vegetais responsáveis pela germinação de sementes, pelo alongamento caulinar e pela expansão dos frutos de muitas espécies vegetais.

Triterpenos

Entre os triterpenos está uma importante classe de substâncias, tanto para vegetais quanto para animais: os esteroides. Outra classe muito importante de triterpenos são as saponinas (Quadro 5.4).

QUADRO 5.4
Classes de triterpenos.

Esteroides	Saponinas
Componentes dos lipídeos de membrana e precursores de hormônios esteroides em mamíferos (testosterona, progesterona), plantas (brassinosteroides) e insetos (ecdisteroides).	Substâncias semelhantes ao sabão, pois possuem uma parte solúvel (glicose) e outra lipossolúvel (triterpeno), reconhecidas pela formação de espuma em certos extratos vegetais. Nas plantas, desempenham papel de defesa contra insetos e microrganismos.

Há a possibilidade de sintetizar hormônios animais a partir de saponinas esteroidais. Isso tem ocorrido com a saponina diosgenina, derivada de *Dioscorea macrostachya*, para produção industrial da progesterona.

Compostos fenólicos

Os **compostos fenólicos** costumam ser voláteis e, juntamente com os monoterpenos, são considerados óleos essenciais.

▶ *Definição*

Compostos fenólicos: são substâncias que possuem pelo menos um anel aromático, em que ao menos um hidrogênio é substituído por um grupamento hidroxila, sintetizados a partir de duas rotas metabólicas principais: a via do ácido chiquímico e a via do ácido mevalônico (menos significativa).

Classificação

Os compostos fenólicos podem ser classificados em quatro grupos, em função do número de anéis de fenol que contêm e dos elementos estruturais que ligam esses anéis (Figura 5.5):

- ácidos fenólicos com subclasses – são derivados de ácidos hidroxibenzoicos, como ácido gálico e ácido hidroxicinâmico;
- flavonoides – incluem flavonóis, flavonas, isoflavonas, flavanonas, e antocianidinas;
- estilbenos – seu representante mais conhecido é o resveratrol (constituinte da uva, *Vitis vinifera*);
- taninos – são divididos em dois grupos: galotaninos e elagitaninos (ou taninos hidrolisáveis).

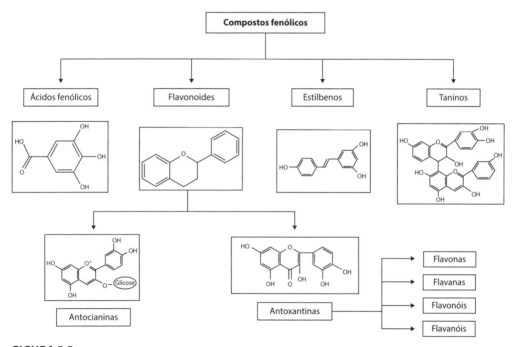

FIGURA 5.5
Classes de polifenóis alimentares.
Fonte: Modificada de Ishimoto (2008).

Funções

As funções dos compostos fenólicos são diversas. As ações fisiológicas se devem ao fato de esses metabólitos possuírem elevada capacidade antioxidante. Muitos desses compostos apresentam uma grande gama de efei-

> **Curiosidade**
>
> Muitos sabores, odores e colorações de vegetais de uso diário na alimentação são gerados por compostos fenólicos. Diversos desses compostos são utilizados como flavorizantes e corantes de alimentos e bebidas, como o aldeído cinâmico, da canela (*Cinnamomum zeyllanicum*), e a vanilina, da baunilha (*Vanilla planifolia*). As frutas, principalmente as que apresentam coloração vermelha ou azul (p. ex., uva, ameixa, jamelão, cereja), são importantes fontes de compostos fenólicos na dieta.

tos biológicos, incluindo, além da mencionada ação antioxidante, as seguintes ações:

- antimicrobiana;
- antiplaquetária;
- anti-inflamatória;
- vasodilatadora.

No caso dos vegetais, os compostos fenólicos são importantes para protegê-los contra raios UV, insetos, fungos, vírus e bactérias. Por exemplo, os taninos são responsáveis pela adstringência de muitos frutos e produtos vegetais, devido à precipitação de glucoproteínas salivares, o que ocasiona a perda do poder lubrificante.

Alcaloides

A grande maioria dos **alcaloides** possui caráter alcalino, já que a presença do átomo de nitrogênio representa um par de elétrons não compartilhados. Contudo, alguns têm caráter ácido (p. ex., a colchicina).

▶ *Definição*

Alcaloides: compostos orgânicos cíclicos que possuem, pelo menos, um átomo de nitrogênio em seu anel, ocorrem principalmente em angiospermas e são sintetizados no retículo endoplasmático, concentrando-se, em seguida, nos vacúolos (assim, não aparecem em células jovens).

Essa classe de compostos do metabolismo secundário é reconhecida pela presença de substâncias que possuem marcante efeito no sistema nervoso central (SNC), como (Figura 5.6):

> **Curiosidade**
>
> Já na Antiguidade, há referência ao uso de alcaloides. Talvez o caso mais famoso seja a execução do filósofo grego Sócrates, condenado a ingerir cicuta (*Conium maculatum*), uma fonte do alcaloide coniina. Os romanos também utilizavam alcaloides em homicídios. Os principais eram a hiosciamina, a atropina e a baladonina, todos derivados de *Atropa belladonna*.

- cafeína;
- nicotina;
- morfina;
- cocaína.

Funções

Além dos gregos e romanos, muitas outras culturas antigas usavam e ainda usam alcaloides como venenos, principalmente para o envenenamento de setas empregadas em caçadas e guerras. Exemplos disso são o extrato seco do curare (*Chondodendron tomentosum*), contendo o alcaloide tubocurarina, utilizado pelos índios da bacia Amazônica, e a famosa estricnina, extraída de *Strychnos nux-vomica* por nativos asiáticos.

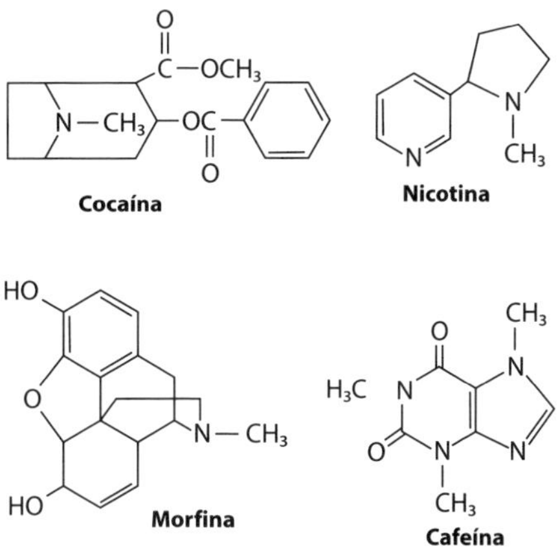

FIGURA 5.6 Exemplos de alcaloides conhecidos.

Os alcaloides podem ser muito úteis para a sociedade. O amplo espectro das atividades biológicas atribuídas a essa classe de metabólitos pode estar relacionado com sua variedade estrutural (Quadro 5.5).

QUADRO 5.5
Atividades biológicas relacionadas aos alcaloides.

Substância(s)	Ação(ões)/Atividade(s)
Emetina	Amebicida e emética
Atropina e escopolamina	Anticolinérgicas
Reserpina	Anti-hipertensiva
Quinina	Antimalárica
Vimblastina e vincristina	Antineoplásicas
Codeína	Antitussígena
Cafeína e efedrina	Estimulantes do SNC
Teofilina	Diurética e antiasmática
Galantamina	Inibidor seletivo, competitivo e reversível da acetilcolinesterase, auxiliando na melhora da função cognitiva em pacientes com demência do tipo Alzheimer.

Os alcaloides constituem, sem dúvida, uma importante fonte de medicamentos, porém, a sociedade continua fazendo largo uso ilícito deles. Dois casos notáveis são o LSD e a cocaína.

> **Dica**
>
> A nicotina, um alcaloide pirrolidínico, é formada nas raízes do tabaco (*Nicotiana tabacum*) e posteriormente translocada para as folhas, nas quais é armazenada. Apesar de seu efeito na indução de câncer de pulmão já ser bem conhecido, nas plantas a função da nicotina é a defesa contra herbívoros. Ela pode ser utilizada como inseticida natural nas conhecidas caldas de fumo empregadas na agricultura.

Fatores de influência

Desde o século IV a.C., há relatos de regras para a coleta de plantas medicinais. Isso porque, desde a Antiguidade, sabe-se que a síntese dos metabólitos secundários é frequentemente afetada por condições ambientais (Figura 5.7; Quadro 5.6).

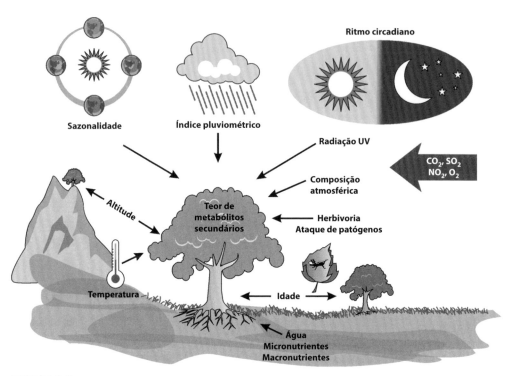

FIGURA 5.7
Principais fatores influentes no acúmulo de metabólitos secundários em plantas.

QUADRO 5.6
Fatores de influência no conteúdo de metabólitos secundários em plantas.

	Sazonalidade	Ritmo circadiano	Idade	Temperatura	Água	Luz
Descrição	A época em que uma planta é coletada é um dos fatores de maior importância na síntese de metabólitos secundários, visto que a quantidade e, às vezes, até mesmo a natureza dos constituintes ativos não são constantes durante o ano.	A composição de metabólitos secundários de uma planta pode variar apreciavelmente durante o ciclo dia/noite.	A idade e o desenvolvimento da planta e dos diferentes órgãos vegetais também são de considerável importância e podem influenciar não só a quantidade total de metabólitos produzidos, mas também as proporções relativas dos componentes da mistura.	Apesar de cada espécie ter se adaptado a seu habitat, as plantas frequentemente são capazes de existir em uma considerável faixa de temperatura. De qualquer maneira, alguns estudos demonstram uma variação da produção de metabólitos secundários devida a temperaturas extremas.	Fatores fisiológicos críticos, como fotossíntese, comportamento estomatal, mobilização de reservas, expansão foliar e crescimento, podem ser alterados por estresse hídrico, levando a mudanças no metabolismo secundário. O estresse hídrico frequentemente tem consequências significativas para as concentrações de metabólitos secundários em plantas.	Estudos mostram que a intensidade de luz é um fator que influencia a concentração e/ou a composição de diversas classes de metabólitos secundários.
Exemplo(s)	As concentrações de hipericina e pseudo-hipericina na erva-de-são-joão (*Hypericum perforatum*), utilizada no tratamento de depressões leves a moderadas, aumentam de cerca de 100 ppm no inverno para mais de 3.000 ppm no verão.	Os níveis de coniina em *Conium maculatum* são maiores quando as coletas são efetuadas pela manhã do que no entardecer.	Em um estudo com papoula (*Papaver somniferum*), o conteúdo de morfina aumentou de menos de 20 µg·g⁻¹ no 50º dia após a germinação para mais de 120 µg g⁻¹ no 75º dia.	Em *Artemisia annua*, após um estresse metabólico causado por geada, verificou-se um aumento de cerca de 60% nos níveis de artemisinina (substância com atividade contra cepas suscetíveis e resistentes de *Plasmodium falciparum*, agente causador da malária).	Há vários relatos de que o estresse hídrico geralmente leva a um aumento na produção de vários tipos de metabólitos secundários, como glicosídeos cianogênicos, glucosinolatos, alguns terpenoides, antocianinas e alcaloides.	Alguns metabólitos secundários que são influenciados pela intensidade de luz são terpenoides, glicosídeos, cianogênicos, alcaloides e, principalmente, flavonoides.

> **Importante**
>
> O conhecimento sobre o metabolismo vegetal e todos os fatores que influenciam em sua produção é de extrema importância. Os fatores expostos no Quadro 5.6, bem como tantas outras variáveis que afetam o conteúdo final de metabólitos secundários em plantas medicinais (p. ex., condições de coleta, estabilização e estocagem), podem ter grande influência na qualidade e, consequentemente, no valor terapêutico em estudos e preparados fitoterápicos, por exemplo.

ATIVIDADES

1. Por que as macromoléculas são consideradas metabólitos primários?
2. Construa uma tabela com as principais diferenças entre os metabolismos primário e secundário de plantas.
3. Sobre os metabólitos secundários, assinale **V** (verdadeiro) ou **F** (falso).
   ( ) São moléculas de estrutura complexa de baixo peso molecular.
   ( ) São vitais para o organismo produtor, assim como os metabólitos primários.
   ( ) Um de seus principais intermediários é o acetato, precursor de taninos hidrolisáveis, cumarinas, entre outros compostos.
   ( ) Não são necessários a todas as plantas, o que significa que não possuem uma distribuição universal.

   Assinale a alternativa que apresenta a sequência correta.
   (A) V – F – V – F
   (B) V – F – F – V
   (C) F – V – V – F
   (D) F – V – F – V

4. Sobre os grupos de metabólitos secundários, correlacione as colunas.

   (1) Terpenos
   (2) Compostos fenólicos
   (3) Alcaloides

   ( ) São classificados de acordo com o número de unidades de isopreno que entraram em sua montagem.
   ( ) As frutas de coloração vermelha ou azul são as principais fontes dessas substâncias na dieta.
   ( ) São classificados em função do número de anéis de fenol que contêm e dos elementos estruturais que ligam esses anéis.
   ( ) Incluem substâncias com efeito marcante no SNC, como nicotina e cocaína.
   ( ) Constituem o grupo mais numeroso de metabólitos secundários, com mais de 40 mil moléculas diferentes.
   ( ) Devido à sua variedade estrutural, envolvem um amplo espectro de atividades biológicas, como antimalárica e anti-hipertensiva.

Assinale a alternativa que apresenta a sequência correta.

(A) 1 – 3 – 3 – 1 – 2 – 2
(B) 2 – 2 – 1 – 3 – 3 – 1
(C) 2 – 3 – 3 – 1 – 1 – 2
(D) 1 – 2 – 2 – 3 – 1 – 3

5. Cite três fatores que influenciam a síntese de metabólitos secundários em plantas.

REFERÊNCIAS

ÁVALOS GARCÍA, A.; CARRIL, E. P-U. Metabolismo secundário de plantas. *Reduca (Biología). Serie Fisiología Vegetal*, v. 2, n. 3, p. 119-145, 2009.

GOBBO-NETO, L.; LOPES, N. P. Plantas medicinais: fatores de influência no conteúdo de metabólitos secundários. *Quimíca Nova*. São Paulo, v. 30, n. 2, p. 374-381, 2007.

ISHIMOTO, E. Y. *Efeito hipolipemiante e antioxidante de subprodutos da uva em hamsters*. 2008. 173 f. Tese (Doutorado em Nutrição) – Faculdade de Saúde Pública, Universidade de São Paulo, São Paulo, 2008.

SIMÕES, C. M. O. et al. *Farmacognosia: da planta ao medicamento*. 5. ed. Porto Alegre: UFRGS, 2003.

6
SUBSTÂNCIAS BIOATIVAS

Clara Lia Costa Brandelli
Patrícia de Brum Vieira

Objetivos de aprendizagem

- Definir substância bioativa.
- Descrever as origens das substâncias bioativas.
- Caracterizar e classificar os principais compostos que constituem as substâncias bioativas: compostos fenólicos, terpenos e alcaloides.
- Associar determinadas substâncias bioativas a atividades biológicas e aplicações farmacêuticas, cosméticas e/ou alimentícias.

INTRODUÇÃO

Nos últimos tempos, substâncias bioativas vêm despertando o interesse de diversas áreas, como farmacologia, cosmetologia e indústria alimentícia. Esse tema tem grande potencial e está em franco desenvolvimento, resultando em trabalhos de pesquisa cada vez mais numerosos. Apesar do número significativo de pesquisas, sua definição é ambígua e pouco clara. Assim, o que é uma **substância bioativa**?

Em etimologia, o termo "bioativo" é formado por duas palavras: "bio" e "ativo". "Bio", do grego (βίο-) *bios*, refere-se à "vida", enquanto "ativo", do latim *actives*, significa "cheio de energia" ou "que envolve atividade". Na linguagem científica, "bioativo" é um termo alternativo para "biologicamente ativo".

▶ *Definição*

Substância bioativa: composto que tem atividade biológica, com a capacidade e a habilidade de interagir com células ou tecidos vivos, resultando em uma ampla gama de possíveis efeitos, sejam eles favoráveis ou não.

Neste capítulo, serão apresentadas as origens das substâncias bioativas e as principais aplicações desses compostos nas indústrias alimentícia, cosmética e farmacêutica.

TIPOS E ORIGENS DE SUBSTÂNCIAS BIOATIVAS

A origem das substâncias bioativas é variada. Elas podem ter origem natural, sendo obtidas a partir de plantas, animais ou microrganismos, ou provir da síntese total ou parcial. Mais adiante neste capítulo, serão abordadas algumas das substâncias bioativas obtidas de plantas e suas respectivas ações.

Atualmente, o termo "substâncias bioativas" está sendo bastante usado para descrever compostos encontrados em vegetais, frutas e hortaliças que protegem o organismo e melhoram a qualidade de vida. Esses compostos são substâncias não essenciais para o organismo, porém, se ingeridos, podem prevenir doenças, como as cardiovasculares.

> **Importante**
>
> Compostos como vitaminas e minerais, também fornecidos pelos alimentos, são essenciais e não devem ser confundidos com substâncias bioativas.

Como mencionado anteriormente, as substâncias bioativas podem ter diferentes origens. Compostos obtidos de plantas possuem inúmeras atividades biológicas, e alguns deles serão apresentados a seguir.

Compostos fenólicos

Como visto no Capítulo 5, os compostos fenólicos pertencem a uma classe que apresenta uma grande diversidade de estruturas. Eles são classificados como fenóis simples ou polifenóis, conforme o número de unidades de fenol na molécula. Uma unidade fenólica é formada por um anel aromático com uma hidroxila (Figura 6.1).

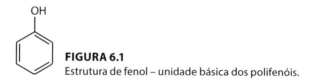

FIGURA 6.1
Estrutura de fenol – unidade básica dos polifenóis.

Entre os polifenóis, destacam-se os seguintes:

- antraquinonas;
- flavonoides;
- isoflavonoides;
- taninos.

Os compostos fenólicos são amplamente encontrados em plantas – cerca de 8 mil tipos já foram detectados. Eles também podem ser encontrados em microrganismos e animais, que não são capazes de sintetizar o anel aromático. As poucas concentrações de polifenóis presentes em microrganismos e animais utilizam o anel benzeno obtido da dieta.

A síntese dos compostos fenólicos ocorre, geralmente, em resposta ao ataque de patógenos e insetos e à radiação UV. Essas substâncias contribuem para o sabor, o odor e a cor de vegetais, o que confere grande importância aos polifenóis, pois são utilizados como flavorizantes e corantes pela indústria alimentícia.

> *Dica*
> Os compostos fenólicos, como já visto, são antioxidantes. Atualmente, tem sido demonstrado que doenças resultantes de processos oxidativos podem ser prevenidas pela ingestão de antioxidantes naturais na dieta.

Ação antioxidante

Entre os compostos fenólicos, o **resveratrol** é um dos mais conhecidos. Atualmente, muito se fala sobre o resveratrol encontrado no vinho e no suco integral de uva, mas ele também pode estar presente nos seguintes alimentos:

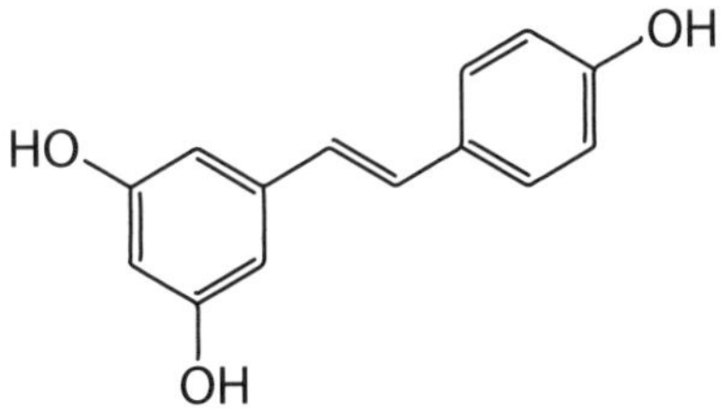

FIGURA 6.2
Estrutura do resveratrol.

- amora;
- mirtilo (*Vaccinium myrtillus*);
- chocolate com elevado teor de cacau;
- manteiga de amendoim;
- raiz de azeda (*Oxalis stricta*; contém 100 vezes mais resveratrol do que a uva).

▶ *Definição*

Resveratrol: potente antioxidante que, de acordo com estudos, ajuda a retardar o envelhecimento das células, diminui os níveis de LDL (colesterol ruim), reduz o risco de doenças cardiovasculares e inibe a absorção de radicais livres.

Outros compostos fenólicos podem ser encontrados em alimentos como:

- maçã;
- cereja;
- brócolis;
- couve-flor;

- ervas (manjericão, alecrim);
- nozes;
- amêndoas.

Destaca-se, assim, o papel desses alimentos como ricos em substâncias ativas que melhoram as condições gerais do organismo.

Flavonoides

Os flavonoides constituem um dos grupos mais importantes e diversificados de polifenóis; até o momento, mais de 5 mil já foram descritos e classificados. Várias classes de flavonoides são conhecidas (Quadro 6.1), e a maioria desses compostos possui 15 carbonos em seu esqueleto básico, constituído de duas fenilas ligadas por uma ponte de três carbonos (Figura 6.2).

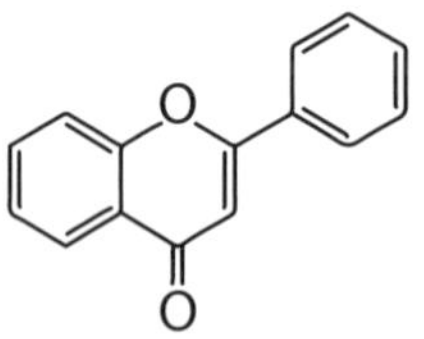

FIGURA 6.3
Esqueleto básico dos flavonoides.

Os flavonoides possuem diferentes funções nas plantas, como:

- proteção contra a incidência de raios UV;
- proteção contra insetos, fungos e vírus;
- atração de agentes polinizadores;
- ação antioxidante;
- controle de efeitos de hormônios vegetais.

> **Curiosidade**
>
> Os flavonoides possuem um grande valor econômico, pois podem ser utilizados como pigmentos na indústria alimentícia, devido à sua variabilidade de cores; eles são importantes na tanagem de couro e na manufatura do cacau.

Atividades biológicas e aplicações

Os flavonoides possuem vários efeitos biológicos, como as seguintes ações:

- anti-inflamatória;
- hormonal;
- anti-hemorrágica;
- antialérgica;
- anticâncer;
- antifúngica.

Além disso, esses compostos auxiliam a absorção da vitamina C e têm propriedades tanantes. No entanto, sua ação mais destacada é a capacidade antioxidante. Dessa forma, eles despertam o interesse tanto da indústria como de pesquisadores, por sua potencialidade na prevenção do câncer e de doenças cardiovasculares.

QUADRO 6.1
Principais classes de flavonoides.

Classe	Estrutura básica	Exemplos	Fontes
Flavona		Tangeritina Luteolina	Tangerina (*Citrus tangerina*) Hortaliças, como alface (*Lactuva sativa*)
Flavonol		Quercetina Canferol	Alimentos, como brócolis e cebola Alimentos comuns, como tomate e alecrim (*Rosmarinus officinalisi*)
Flavanona		Hesperetina Naringina	Frutas cítricas *Grapefruit* (*Citrus* × *paradisi*)
Flavanonol		Taxifolina Aromadendrina	Coníferas, como *Larix sibirica* Plantas do gênero *Afzelia*
Flavan*		Catequina	*Acacia catechu* (de onde foi obtida pela primeira vez) e chás verde e branco (onde é encontrada em abundância)
Antocianidina (forma livre das antocianinas)			Pigmento azul de *Centaurea cyanus***
Isoflavona			Soja (*Glycine max*; onde são encontradas em grande quantidade).

*Inclui flava-3-ol, flavan-4-ol e flavan-3,4-diol.
** Distribuído em muitas plantas, confere as cores laranja, rosa, vermelho, roxo e azul a pétalas e frutos.

Um dos flavonoides mais comuns é a isoflavona, amplamente difundida na população por sua ação no alívio dos calorões causados pela menopausa. Popularmente, também se utiliza as isoflavonas para melhorar a saúde dos ossos e reduzir o risco de câncer de mama.

Taninos

Os taninos constituem um tipo à parte de flavonoides. São compostos de elevado peso molecular — variando de 500 a mais de 3.000 Da —, amplamente distribuídos em muitas espécies de planta. Eles são capazes de se ligar e

> **Curiosidade**
>
> O consumo de suplementos alimentares ricos em isoflavonas é controverso, pois existem poucos estudos demonstrando os benefícios desses compostos (que não foram comprovados cientificamente) e os riscos atribuídos ao consumo. Assim, o consumo pode acarretar riscos para a saúde.

precipitar proteínas e complexar com íons metálicos. Os taninos são responsáveis pela adstringência de muitos frutos e produtos vegetais.

Atividades biológicas e aplicações

Os taninos possuem inúmeras aplicações. Sem dúvida, a mais conhecida e antiga é sua utilização como agente tanante no processamento de couros. Nesse processo, os taninos interagem com o colágeno, conferindo resistência ao calor, à água, aos abrasivos e aos microrganismos, que são os responsáveis pela degradação da pele no estado *in natura*.

Além disso, os taninos são muito utilizados como remédios e na indústria alimentícia. Como substâncias bioativas de extratos de plantas, são empregados com as seguintes funções:

- adstringente (contra diarreia e tumores estomacais e duodenais);
- anti-inflamatória;
- antisséptica.

> **Dica**
>
> Devido à propriedade de complexação com metais pesados, os taninos podem ser utilizados como antídoto em casos de intoxicações.

Atualmente, medicamentos à base de taninos são encontrados no mercado, como é o caso do extrato de espinheira-santa (*Maytenus ilicifolia* Mart. ex Reiss., Celastraceae). Ele é padronizado em 3,5% de taninos e amplamente utilizado no tratamento de úlcera gástrica e dispepsia. Outro exemplo é a tintura de hamamélis (*Hamamelis virginiana* L.).

Na indústria alimentícia, os taninos são muito utilizados como clarificantes e antioxidantes em sucos de frutas, cervejas e vinhos. Também são bastante empregados em indústrias de tintas e borrachas.

> **Curiosidade**
>
> Mais recentemente, os taninos estão despertando o interesse no tratamento de doenças como câncer e aids. No entanto, comprovações de rigor científico ainda são necessárias.

Terpenos

Os terpenos, como visto no Capítulo 5, constituem uma ampla e variada classe de compostos, com a maior diversidade de estruturas originárias de produtos de origem vegetal. Esses compostos integram um grupo de metabólitos secundários com a estrutura baseada em unidades de isopreno (Figura 6.3).

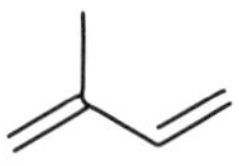

FIGURA 6.4
Estrutura de isopreno – unidade básica dos terpenos.

Os terpenos ou terpenoides, quando possuem outros grupos funcionais, são produzidos por uma variedade de plantas. A finalidade disso é protegê-las, pois tais compostos são capazes de dissuadir herbívoros e atrair predadores e parasitos desses herbívoros. Além disso, os terpenos são precursores biossintéticos para quase todos os organismos; esteroides, como o colesterol e o ergosterol presente nas membranas biológicas, são derivados do esqualeno, um triterpeno.

Os terpenos são subdivididos em diferentes classes, de acordo com o tipo de esqueleto que possuem (Quadro 6.2).

QUADRO 6.2
Principais classes de terpenos.

Classe	Número de carbonos	Fórmula	Exemplos	Fontes
Monoterpenos	10	$C_{10}H_{16}$	Cânfora / Mentol	Extratos de *Cinnamonum camphora* / *Mentha canadensis*, por exemplo
Sesquiterpenos	15	$C_{15}H_{24}$	Zingibereno	Gengibre (*Zingiber officinale*)
Diterpenos	20	$C_{20}H_{32}$	Taxadieno	Árvores do gênero *Taxus* (produzido amplamente por elas)
Triterpenos	30	$C_{30}H_{48}$	Cucurbitacina / Ginsenoside – saponina triterpênica	Plantas da família Curcubitaceae / Raiz de *Panax ginseng*
Tetraterpenos	40	$C_{40}H_{64}$	β-Caroteno	Vegetais, como cenoura

Atividades biológicas e aplicações

Inúmeros terpenos identificados possuem elevado valor nas indústrias alimentícia, cosmética e farmacêutica. Os óleos essenciais (que são chamados dessa forma porque contêm a essência, a fragrância das plantas), por exemplo, são amplamente utilizados como sabores e perfumes. Além disso, esses compostos possuem atividades farmacológicas; vários têm como substância bioativa um terpeno. O Quadro 6.3 apresenta alguns terpenos utilizados nessas indústrias.

QUADRO 6.3
Exemplos de terpenos usados nas indústrias alimentícia e farmacêutica.

Triterpenos	
Cineol	**Saponina triterpênica**
É a substância bioativa do extrato/tintura obtido do eucalipto (*Eucalyptus globulus* Labill). Tem ação antisséptica, antibacteriana e expectorante.	É a substância bioativa do extrato/tintura de raízes de polígala (*Polygala senega* L.), utilizado contra a bronquite crônica e a faringite. Inúmeras outras saponinas triterpênicas possuem atividades biológicas, como é o caso das obtidas da erva-mate (*Ilex paraguariensis*).
Diterpenos	
Giberelina	**Paclitaxel**
É a principal representante, pois é um importante hormônio vegetal, necessário para a germinação de sementes.	É um dos metabólitos mais importantes farmacologicamente. Encontrado nas cascas de *Taxus baccata* e comercializado com o nome de Taxol®, é indicado para o tratamento de diferentes tipos de câncer.
Tetraterpenos	
Carotenos	**Xantofilas**
Nas plantas, os carotenos participam da captação de luz nos fotossistemas; sem eles, sem dúvida, não ocorreria a fotossíntese. Os mais conhecidos são o α-caroteno, o β-caroteno, o licopeno e a luteína, que atuam como antioxidantes e são encontrados em alimentos como: ■ mamão papaia; ■ milho; ■ damasco; ■ moranga; ■ pitanga; ■ cenoura; ■ manga; ■ tomate; ■ laranja; ■ salsa; ■ batata doce; ■ espinafre.	Assim como os carotenos, as xantofilas participam da captação da luz nos fotossistemas.

Alcaloides

Os alcaloides, como visto no Capítulo 5, constituem uma grande e variada família de metabólitos secundários que contêm, pelo menos, um nitrogênio básico. Esses compostos são produzidos por uma gama de organismos, incluindo bactérias, fungos, plantas e animais.

Atividades biológicas e aplicações

Os alcaloides possuem inúmeras atividades biológicas, como:

> **Curiosidade**
>
> O conhecimento do ópio remonta à pré-história ou, pelo menos, aos períodos históricos muito distantes. Sabe-se que um quarto do peso do pó de ópio é constituído por pelo menos 25 alcaloides, como a morfina e a codeína.

- antimalária;
- anticâncer;
- colinérgica;
- vasodilatadora;
- antiarrítmica;
- analgésica;
- psicotrópica;
- estimulante.

As principais classes de alcaloides são apresentadas no Quadro 6.4.

QUADRO 6.4
Principais classes de alcaloides.

Classe	Exemplos	Fontes	Aplicações
Imidazólicos	Pilocarpina	Jaborandi (*Pilocarpus jaborandi*)	Tratamento do glaucoma (medicamento aprovado)
Indólicos	Vincristina e vimblastina	*Catharanthus roseus*	Antitumorais – câncer de mama, câncer de pulmão e linfoma, como a doença de Hodgkin (medicamentos aprovados)
	Estriquinina	Espécies de *Strychnos nux-vomica*	Veneno
Isoquinolínicos	Morfina	Ópio (*Papaver somniferum*)	Analgésico potente

(Continua)

QUADRO 6.4
Principais classes de alcaloides. *(Continuação)*

Classe	Exemplos	Fontes	Aplicações
Isoquinolínicos	Galatamina	Plantas dos gêneros *Galanthus* e *Narcissus*	Tratamento da doença de Alzheimer (medicamento aprovado)
Piperidínicos	Piperina	Pimentas (*Piper* sp.)	Sabor picante
Púricos	Cafeína	Plantas, como *Coffea arabica* e *Paullinia cupana*	Associações com analgésicos, antipiréticos, antigripais e enxaqueca e estimulante do SNC
	Teofilina	Plantas, como *Theobroma cacao*	Tratamento de asma, bronquite crônica e enfisema (farmácia básica nacional)
Quinolínicos	Quinina	Plantas do gênero *Cinchona*	Tratamento da malária
Tropânicos	Atropina	*Atropa belladona*	Tratamento de espasmos digestivos e vômitos e colírios para exames (dilatação da pupila)
	Escopolamina	*Hyoscyamus niger*	Antiespasmódico e tratamento da doença de Parkinson (medicamento aprovado)
Pirrolizidínicos	Retronicina	Confrei (*Symphytum* × *uplandicum*; a retronicina é seu principal componente)	Uso tópico para problemas de pele

> **Importante**
>
> A retronicina, utilizada de forma tópica para problemas de pele, é hepatotóxica quando ingerida.

Como demonstrado no Quadro 6.4, os alcaloides são responsáveis pelas mais variadas atividades biológicas. Em inúmeros fármacos comercializados atualmente, esses compostos atuam como substâncias bioativas. Alguns alcaloides são utilizados como drogas de abuso, como:

- cocaína;
- nicotina;
- mescalina;
- psilócibe (alucinógeno, assim como a mescalina).

Ao longo deste capítulo, foi evidenciada a importância das plantas no que diz respeito ao fornecimento de substâncias bioativas para o tratamento de várias enfermidades que acometem os seres humanos. Vários medicamentos que estão no mercado atualmente são à base de metabólitos de plantas.

ATIVIDADES

1. Sobre as substâncias bioativas, assinale **V** (verdadeiro) ou **F** (falso).

    ( ) Sua origem é sempre natural, a partir de plantas, animais ou microrganismos.

    ( ) São substâncias não essenciais ao organismo.

    ( ) Vitaminas e minerais são exemplos dessas substâncias.

    ( ) Podem se originar de síntese total ou parcial.

    Assinale a alternativa que apresenta a sequência correta.

    (A) V – F – V – F

    (B) F – V – F – V

    (C) F – F – V – V

    (D) V – V – F – F

2. Por que o resveratrol é considerado um antioxidante? Cite três alimentos em que é possível encontrar esse composto fenólico.

3. Sobre os flavonoides, assinale a alternativa correta.

    (A) Constituem um dos grupos mais diversificados de alcaloides.

    (B) A hesperatina é um exemplo de flavona.

    (C) Os benefícios da isoflavona para a redução do risco de câncer de mama são comprovados cientificamente e seu consumo não apresenta riscos.

    (D) Entre seus efeitos biológicos está a ação anti-hemorrágica.

4. Cite dois exemplos de terpenos utilizados na indústria farmacêutica e descreva sua aplicação farmacológica.

5. Qual dos alcaloides a seguir é utilizado no tratamento da doença de Parkinson?
   (A) Pilocarpina.
   (B) Galatamina.
   (C) Escopolamina.
   (D) Retronicina.

LEITURAS RECOMENDADAS

PINTO, A. C. et al. Produtos Naturais: atualidade, desafios e perspectivas. *Quimíca Nova*, São Paulo, v. 25, suppl. 1, p. 45-61, 2002.

SIMÕES, C. M. O. et al. *Farmacognosia: da planta ao medicamento*. 5. ed. Porto Alegre: UFRGS, 2003.

7

PRODUTOS NATURAIS E O DESENVOLVIMENTO DE FÁRMACOS

Clara Lia Costa Brandelli

Objetivos de aprendizagem

- Citar os marcos históricos da relação entre plantas medicinais e desenvolvimento de fármacos.
- Explicar por que a indústria farmacêutica voltou a se interessar pelos produtos naturais após um período de desinteresse no fim do século XX.
- Diferenciar as abordagens utilizadas no estudo de plantas medicinais para investigar novas moléculas bioativas.
- Listar as etapas da pesquisa e do desenvolvimento de fármacos a partir de plantas medicinais.
- Discutir a adequação da flora brasileira ao desenvolvimento de novos fármacos.
- Descrever a potencialidade de protótipos a partir de produtos naturais para o desenvolvimento de fármacos.

INTRODUÇÃO

Os **produtos naturais** são utilizados pela humanidade desde tempos imemoriais. A natureza sempre despertou no homem um fascínio, não só por oferecer recursos para sua alimentação e manutenção, como também por ser sua principal fonte de inspiração e aprendizado.

▶ *Definição*

Produtos naturais: substâncias químicas com atividades biológicas derivadas de fontes naturais, como plantas, toxinas e venenos de animais, metabólitos obtidos de bactérias, fungos e organismos marinhos, entre outros.

As fontes de produtos naturais vêm sendo historicamente utilizadas para curar e prevenir doenças em seres humanos. As indústrias farmacêuticas as empregam para a produção de novos fármacos.

A importância das plantas medicinais para o desenvolvimento e a obtenção de medicamentos é bastante clara. Assim, neste capítulo, será destacado o uso dessas plantas no desenvolvimento de fármacos.

PLANTAS MEDICINAIS E DESENVOLVIMENTO DE FÁRMACOS: HISTÓRICO

A natureza, de forma geral, produz a maioria das substâncias orgânicas conhecidas. Entretanto, é o reino vegetal que contribui de forma mais significativa para o fornecimento de substâncias úteis ao tratamento de doenças que acometem os seres humanos.

Isso se deve muito à valiosa variedade e à complexidade de metabólitos secundários sintetizados pelas plantas. Esses metabólitos funcionam como mecanismos de defesa em relação às condições ambientais ricas em microrganismos, insetos e animais e também às condições de adaptação e regulação.

Antiguidade: primeiros registros de uso de plantas medicinais

Sem dúvida, a principal contribuição para o desenvolvimento da terapêutica medicamentosa moderna foi a utilização de plantas medicinais pelo homem desde a Antiguidade. Há registros do uso de muitas plantas medicinais milhares de anos antes de Cristo, como, por exemplo:

- papoula (*Papaver somnniferum*);
- maconha (*Cannabis sativa*);
- babosa (*Aloe vera*).

Somente no século XIX teve início a procura pelos princípios ativos presentes nas plantas utilizadas com fins medicinais. Assim, foram criados os primeiros medicamentos com as características conhecidas atualmente.

Durante o período anterior à Era Cristã, conhecido como "Civilização Grega", vários filósofos se destacaram por suas obras. Um deles foi Hipócrates, considerado o "pai da medicina", que escolhia na natureza os remédios.

Além de Hipócrates, pode-se citar Teofrasto (372 a.C.), discípulo de Aristóteles, que escreveu vários livros sobre a história das plantas. É seu o registro da utilização da espécie botânica *Papaver somniferum*, mas existem documentos su-

> **Importante**
>
> A importância histórica do uso de plantas como modelos para o descobrimento de novos fármacos pode ser entendida ao refletir que não se conheciam anestésicos locais, bloqueadores neuromusculares, anticolinérgicos, cardiotônicos, entre outras classes farmacológicas, antes do isolamento e do estudo da atividade da cocaína, da tubocurarina, da atropina e da digoxina, respectivamente. A terapêutica medicamentosa atual seria muito diferente sem a descoberta dessas substâncias ativas, que foi direcionada pelo conhecimento tradicional e milenar das sociedades.

merianos de 5.000 a.C. que se referem à papoula e a tábulas assírias que descrevem suas propriedades.

Da Antiguidade ao século XIX: isolamento de princípios ativos

Foi apenas no século XIX que pesquisadores isolaram princípios ativos da papoula (Quadro 7.1).

QUADRO 7.1
Histórico do isolamento de princípios ativos da papoula.

Ano	Autor	Descrição
1806	Friedrich Serturner	Isolou o alcaloide morfina. Esse fato pioneiro deu início a uma busca intensa por outros medicamentos a partir de plantas medicinais.
1824	Pierre-Jean Robiquet	Isolou a codeína (antitussígeno).
1848	George Fraz Merck	Isolou a papaverina.

A partir dos fatos apresentados no Quadro 7.1, vários outros princípios ativos foram isolados de plantas tradicionalmente utilizadas (Quadro 7.2).

QUADRO 7.2
Exemplos de princípios ativos isolados de plantas usadas tradicionalmente.

Ano	Autor	Princípio ativo	Planta
1820	Runge	Cafeína	*Coffea arabica*
1829	Rafaele Piria	Salicina (analgésico e antitérmico)	*Salix alba*
1831	Mein	Atropina (antagonista muscarínico)	*Atropa beladona*
1943	Winstersteiner e Dutcher	Curare (relaxante muscular)	*Chondrodendron tomentosum*

O grande marco histórico no processo de desenvolvimento da indústria farmacêutica mundial foi a descoberta da salicina. A partir dela, foi realizada a primeira modificação estrutural, que deu origem ao ácido salicílico, em 1839, utilizado no tratamento da artrite reumatoide. A partir do ácido salicílico, Felix Hoffman sintetizou o ácido acetilsalicílico, em 1897, ocasionando a primeira patente de que se tem conhecimento na área de medicamentos.

Ácido acetilsalicílico

Fim do século XX: desinteresse da indústria farmacêutica por produtos naturais diante da Era Pós-Genômica

Após a fase de grandes descobertas de importantes protótipos a partir de vegetais, essas linhas de pesquisa foram abandonadas por um tempo. Além disso, houve um decréscimo de interesse e investimento por parte da indústria farmacêutica e de institutos de pesquisa. De fato, o cenário de recursos terapêuticos para a obtenção de novos fármacos oscila ao longo do tempo, como se pode observar na Figura 7.1.

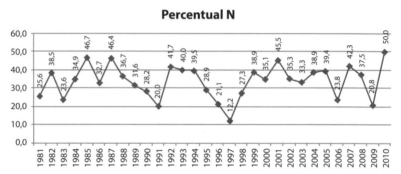

FIGURA 7.1
Porcentagem de novas entidades químicas de produtos naturais e derivados de produtos naturais por ano, entre 1981 e 2010. Koehn.

Até o ano de 1994, a fonte de novos fármacos era constituída basicamente por plantas e extratos vegetais. Nessa época, cerca de 80% dos novos medicamentos aprovados pelo Food and Drug Administration (FDA) estavam relacionados a produtos naturais. O que se observou após esse ano foi um uma porcentagem reduzida a 50%. Tecnologias como a *high-throughput screening* (HTS) e a Era Pós-Genômica contribuíram para essa redução da porcentagem de produtos naturais e/ou seus derivados que se tornaram fármacos.

Início do século XXI: retorno do interesse por produtos naturais

Ainda nos últimos anos do século XX – mas com mais força no início do século XXI –, começou a renascer o interesse por produtos naturais. Isso aconteceu por diferentes fatores, que serão apresentados a seguir.

Somente um fármaco originário de HTS de bibliotecas de análise combinatória chegou ao mercado. Em contrapartida, entre os anos de 2005 e 2007, 30 fármacos relacionados a produtos naturais foram aprovados pelas autoridades sanitárias mundiais, sendo que cinco destes representam novas classes de medicamentos.

Na década de 1990, estimou-se que cerca de 80% da população mundial procurava nas plantas a fonte principal de medicamentos. A indústria

> **Importante**
>
> Detentores de um mercado extremamente lucrativo, os fitofármacos (p. ex., ginkgo, kava pironas, ginseng, erva-de-são-joão, etc.) ajudaram a reacender o interesse da indústria farmacêutica pelos produtos de origem vegetal.

farmacêutica estava bastante motivada com algumas descobertas, entre elas a de quimioterápicos, como:

- vimblastina (Velban®);
- vincristina (Oncovin®);
- podofilotoxina;
- análogos etoposídeo (VP-16-213; Vepeside®) e teniposídeo (VM-26; Vumon®), camptotecina e taxol (plaxitaxel; Taxol®).

Isso revivou o interesse pelos medicamentos de origem vegetal, uma vez que a indústria de quimioterápicos movimenta cerca de 50 bilhões de dólares anualmente. Atualmente, aproximadamente 60% dos agentes antitumorais e antibióticos disponíveis no mercado ou em estágio de avaliação clínica são de origem natural.

Sobre o desenvolvimento de fármacos a partir de produtos naturais na atualidade, o Quadro 7.3 apresenta alguns números.

QUADRO 7.3
Desenvolvimento de fármacos a partir de produtos naturais nos dias atuais.

De 2006 a 2016, cerca de **500** entidades químicas novas foram aprovadas pelas instituições reguladoras de todo o mundo.
A principal categoria dependente de produtos naturais é a de doenças infecciosas – incluindo vacinas antivirais –, com **270** novos medicamentos, do total das **1.130** entidades de fonte natural aprovadas entre janeiro de 1981 e janeiro de 2010.
Cerca de **30%** dos medicamentos disponíveis à terapêutica derivam direta ou indiretamente de produtos naturais, notadamente das plantas.
Em algumas doenças, como o câncer, os medicamentos derivados de plantas chegam a **60%**.

Outra questão importante para a volta ao interesse por produtos de origem vegetal foi a busca de substâncias com estruturas moleculares tão complexas, que seriam praticamente impossíveis de obter por um processo sintético a um custo coerente.

Uma lista ilustrativa de fármacos com importância terapêutica atual, obtidos exclusivamente de matérias-primas vegetais, é apresentada no Quadro 7.4.

> **Importante**
>
> A diversidade química proporcionada pelos produtos naturais é ainda a melhor estratégia para alcançar medicamentos de sucesso, seguros e eficazes, em relação à diversidade das coleções de compostos sintéticos. Em consequência dessa nítida vantagem, observou-se um interesse crescente em aproveitar a diversidade química natural para a descoberta de novos fármacos.

Assim, com objetivos muito bem definidos, a indústria farmacêutica passou a não desprezar o potencial das plantas no que se refere ao fornecimento de substâncias novas. Os produtos naturais extraídos de plantas medicinais podem atuar como modelos estruturais para a síntese de substâncias novas ou como protótipos ativos, como será visto mais à frente, neste capítulo.

QUADRO 7.4
Exemplos de fármacos isolados de espécies vegetais.

Fármaco	Classe terapêutica	Espécie vegetal
Acido salicílico, salicina	Analgésico	*Salix alba*
Artemisinina	Antimalárico	*Artemisia annua*
Atropina	Anticolinérgico	*Atropa belladona*
Capsaicina	Anestésico tópico	*Capsicum* spp.
Cocaína	Anestésico local	*Erythroxylum coca*
Colchina	Antirreumático	*Colchicum autumnale*
Digoxina, Digitoxina	Cardiotônicos	*Digitalis purpurea, D. lanata*
Dicumarol	Anticoagulante	*Melilotus officinalis*
Efedrina	Adrenérgico, broncodilatador	*Ephedra sinica*
Emetina	Antiamebiano	*Cephaelis ipecacuanha*
Ergotamina	Bloqueador adrenérgico	*Claviceps purpurea*
Escopolamina	Antiparkinsoniano	*Datura* spp.
Estrofantina	Cardiotônico	*Strophamus* spp.
Fisostigmina	Antiglaucomatoso	*Physostigma venenosum*
Morfina, Codeína	Analgésico, antitussígeno	*Papaver somniferum*
Pilocarpina	Antiglaucomatoso	*Pilocarpusjaborandi*
Quinina	Antimalárico	*Cinchona* spp.
Reserpina	Anti-hipertensivo	*Rauwolfia* spp.
Riponinina	Anticoncepcional	*Ocotea rodiei*
Taxol (paclitaxel)	Anticâncer	*Taxus brevifolia*
Tubocurarina	Bloqueador neuromuscular	*Chondodendron tomentosum*
Vimblastina, vincrisina	Antitumorais	*Catharamus roseus*

Fonte: Simões (2003).

PESQUISA E DESENVOLVIMENTO DE FÁRMACOS A PARTIR DE PLANTAS MEDICINAIS

A descoberta e o desenvolvimento de novos fármacos ou novas classes farmacológicas são baseados nos seguintes fatores:

- encontrar novos alvos terapêuticos;
- desenhar e selecionar moléculas que sejam protótipos para o alvo pretendido;
- aperfeiçoar a molécula que possua o maior potencial;
- desenvolver o candidato.

Para selecionar moléculas que possuam a atividade biológica procurada, existem algumas possibilidades. Pode-se selecionar moléculas a partir de fontes naturais e/ou síntese química. As fontes naturais são os produtos naturais (plantas, animais e microrganismos).

Abordagens

Há diferentes caminhos para o estudo de plantas medicinais, a fim de investigar novas moléculas bioativas. Destacam-se quatro tipos básicos de abordagens: randômica, quimiotaxonômica, etológica e etnodirigida (Quadro 7.5).

QUADRO 7.5
Abordagens para o estudo de plantas medicinais.

Randômica	Compreende a coleta ao acaso ("sorte ou azar") de plantas para triagens fitoquímicas e farmacológicas.
Quimiotaxonômica	Também denominada "filogenética", consiste na seleção de espécies de uma família ou gênero. Para isso, é preciso que já exista algum conhecimento fitoquímico de ao menos uma espécie do grupo, ou seja, é uma pesquisa direcionada.
Etológica	É baseada nos estudos de comportamento animal com primatas e recentemente vem sendo indicada como um caminho para a descoberta de novos fármacos. Busca avaliar a utilização de metabólitos secundários (ou outras substâncias não nutricionais dos vegetais) por animais, com a finalidade de combater doenças ou controlá-las.
Etnodirigida	Como visto no Capítulo 2, consiste na seleção de espécies de acordo com a indicação de grupos populacionais específicos em determinados contextos de uso, enfatizando a busca pelo conhecimento construído localmente a respeito de seus recursos naturais e a aplicação que fazem deles em seus sistemas.

Etapas

As etapas envolvidas no processo de pesquisa e desenvolvimento (P&D) de fármacos, de maneira concisa, são:

Dica

A utilização do conhecimento etnofarmacológico é uma forma extraordinária de reduzir passos na busca por plantas com alto potencial e aumentar a probabilidade de sucesso no esforço de descoberta de novas terapias.

1. descoberta de um composto com atividade terapêutica;
2. testes *in vitro* para avaliação das propriedades biológicas das moléculas promissoras, por meio de testes *in vivo*, estudando o metabolismo e investigando a farmacocinética e a farmacodinâmica em animais (estudo pré-clínico);
3. realização de estudos clínicos em seres humanos em várias fases (estudo clínico).

A Figura 7.2 ilustra, de maneira esquemática, esse passo a passo.

FIGURA 7.2
Esquema desde a descoberta de protótipos a partir de plantas medicinais até o desenvolvimento de fármacos.

BUSCA POR NOVOS FÁRMACOS A PARTIR DE PLANTAS MEDICINAIS NO BRASIL

O Brasil é um lugar extraordinariamente promissor na busca por novos fármacos a partir de plantas medicinais. Dados evidenciam que o país possui a maior biodiversidade do mundo. Em seu território, há cinco dos principais biomas a saber:

- floresta amazônica;
- cerrado;
- mata atlântica;
- pantanal;
- caatinga.

No Brasil, há mais de 50 mil espécies de plantas superiores (20-22% do total existente no planeta). Portanto, o país é uma fonte imensurável de produtos terapêuticos, pois a maior parte de sua flora ainda é desconhecida química e farmacologicamente.

Estima-se que apenas 5 a 15% das plantas superiores tenham sido sistematicamente investigadas quanto à presença de compostos bioativos; assim, a biodiversidade do Brasil permanece amplamente inexplorada. Em razão disso, as propriedades medicinais das plantas da biodiversidade brasileira vêm sendo investigadas extensivamente pelos pesquisadores e, mais recentemente, pela indústria farmacêutica, interessada em desenvolver novos medicamentos.

> **Curiosidade**
>
> O uso de plantas medicinais no Brasil foi disseminado principalmente pela cultura indígena. Esses povos possuem conhecimentos sobre a diversidade biológica, além de dominarem a técnica para proveito de seus recursos. Os povos indígenas, desde há muito tempo, possuem um patrimônio de informações da biodiversidade e de como captar e utilizar os recursos naturais à sua volta.

A influência do conhecimento indígena brasileiro sobre a medicina é demonstrada pelo fato de que um grande número de medicamentos indígenas com efeitos terapêuticos foi reconhecido pelo sistema de medicina ocidental (p. ex., a morfina).

DESENVOLVIMENTO DE FÁRMACOS A PARTIR DE PROTÓTIPOS DE PRODUTOS NATURAIS

Em se tratando de produtos naturais, existem, além das plantas medicinais, os princípios ativos a partir de metabólitos produzidos por microrganismos. É importante que se entenda as vantagens na busca de protótipos a partir de produtos naturais:

- a imensa variedade e complexidade das micromoléculas que constituem os metabólitos secundários de plantas e organismos marinhos ainda é inalcançável por métodos laboratoriais;
- existe uma potencial singularidade das moléculas produzidas pelos vegetais em diferentes meios e fatores aos quais estão expostas;
- há uma grande possibilidade de que essas moléculas diferenciadas alcancem novos mecanismos de ação contra diversas patologias.

A busca por protótipos em microrganismos é uma das áreas em ascensão em países desenvolvidos, principalmente em organismos marinhos, como:

- plantas;
- esponjas;
- octocorais;
- ascídias;
- briozoários.

A evolução e a sobrevivência dessas espécies resultaram em organismos que produzem substâncias singulares com funções ecológicas distintas.

Sabe-se que, de um total de 258 substâncias isoladas de culturas de microrganismos marinhos, 79 (31%) metabólitos se mostram biologicamente ativos (47 isolados de bactérias e 32 de fungos). Aproximadamente 20 compostos obtidos a partir de bactérias apresentaram atividade antitumoral e, igualmente, 20 substâncias mostraram ação antibacteriana.

Além disso, um grande número de compostos biologicamente ativos tem sido isolado de esponjas marinhas e de seus microrganismos associados. As esponjas são os maiores produtores marinhos de novos compostos, com mais de 200 metabólitos sendo descritos a cada ano.

> **Importante**
>
> Os fungos são responsáveis pela produção de substâncias altamente tóxicas para mamíferos, conhecidas como "micotoxinas", algumas consideradas carcinogênicas potentes.

Em se tratando dos fungos, uma de suas propriedades mais importantes está associada à sua capacidade metabólica de produzir uma grande diversidade de micromoléculas bioativas.

Em 1994, dos 20 medicamentos mais vendidos, representando um mercado de 6,7 bilhões de dólares, seis foram obtidos de metabólitos provenientes de fungos. Dentre os medicamentos de maior repercussão terapêutica para doenças infecciosas, destacam-se os antibióticos penicilina e cefalosporina como os exemplos mais conhecidos de produtos de fungos.

Estudos relatam que cerca de 25% das prescrições dispensadas nos Estados Unidos durante os últimos 25 anos estavam relacionadas a medicamentos que continham princípios ativos de origem natural ou semissintética. Em geral, eles eram oriundos de plantas superiores – cerca de 13% relativos a fontes microbianas e 2,7% a fontes animais.

Os números supracitados mostram a valiosa importância econômica do setor industrial farmacêutico e a relevância dos produtos naturais (de quaisquer origens) como fontes de novas moléculas. O potencial das plantas medicinais é indiscutível e, praticamente, inesgotável. Independentemente do futuro – que gira em torno da complexa tarefa de desenvolver, a partir de plantas medicinais, produtos inovadores, seguros e eficazes –, faz-se necessária a preservação das florestas para as próximas gerações, assim como das sociedades detentoras de conhecimentos tradicionais.

ATIVIDADES

1. Sobre os responsáveis por isolar os princípios ativos de plantas medicinais, correlacione as colunas.

    (1) Merck   ( ) Atropina
    (2) Mein   ( ) Cafeína
    (3) Runge   ( ) Papaverina
    (4) Nativelle   ( ) Codeína
    (5) Robiquet   ( ) Digoxina

    Assinale a alternativa que apresenta a sequência correta.

    (A) 2 – 3 – 1 – 5 – 4
    (B) 3 – 1 – 2 – 5 – 4
    (C) 2 – 1 – 3 – 4 – 5
    (D) 3 – 2 – 1 – 4 – 5

2. Por que houve um desinteresse por parte da indústria farmacêutica, no fim do século XX, pelo desenvolvimento de fármacos com produtos naturais? Cite dois motivos para esse interesse ter ressurgido alguns anos depois.

3. Qual das seguintes abordagens de pesquisa se baseia nos estudos de comportamento animal com primatas, avaliando a utilização de metabólitos secundários por animais, com o propósito de combater ou controlar doenças?

(A) Quimiotaxonômica.

(B) Etológica.

(C) Etnodirigida.

(D) Randômica.

4. Pode-se afirmar que a flora brasileira como fonte de produtos terapêuticos já foi propriamente explorada? Por quê? Qual é o posicionamento atual de pesquisadores e da indústria farmacêutica diante da biodiversidade do Brasil?

5. Observe as afirmativas a seguir sobre os protótipos de produtos naturais.

   I Uma das vantagens na busca por protótipos de produtos naturais consiste na potencial singularidade das moléculas produzidas pelos vegetais em diferentes meios e fatores aos quais estão expostas.

   II As ascídias são os maiores produtores marinhos de novos compostos, com mais de 200 metabólitos sendo descritos a cada ano.

   III Em 1994, dos 20 medicamentos mais vendidos, cerca de 1/3 deles tinham origem em metabólitos provenientes de fungos.

   Quais estão corretas?

(A) Apenas as afirmativas I e II.

(B) Apenas as afirmativas I e III.

(C) Apenas as afirmativas II e III.

(D) As afirmativas I, II e III.

REFERÊNCIAS

BRANDELLI, C. L. C., GIORDANI, R. B., MACEDO, A.J., DE CARLI, G. A., TASCA, T. Indigenous Traditional Medicine: Plants for the Treatment of Diarrhea. Heinz Mehlhorn. (Org.). Nature Helps. *How Plants and Other Organisms Contribute to Solve Health Problems*. Berlim: Springer-Verlag, 2011, v. 1, p. 1-18.

CALIXTO, JB & SIQUEIRA Jr, JM. *Desenvolvimento de medicamentos no Brasil: desafios*. 2008. Gaz. méd. Bahia 78 (Suplemento 1):98-106.

KOEHN, F. E.; CARTER, G. T. The evolving role of natural products in drug discovery. *Nature Reviews Drug Discovery*, v. 4, p. 206-220, 2005.

SIMÕES, C. M. O. et al. *Farmacognosia, da Planta ao Medicamento*. 5ª Ed. Porto Alegre. UFRGS. 2003.

PINTO, A. C.; SILVA, D. H. S.; BOLZANI, V. S.; LOPES, N. P., EPIFANIO, R. A. Produtos naturais: atualidades, desafios e perspectivas. *Química Nova*, 25:45-61, 2002.

8
ASPECTOS MOLECULARES E GENÉTICOS DA PRODUÇÃO VEGETAL

Clara Lia Costa Brandelli
Nelson Alexandre Kretzmann Filho

Objetivos de aprendizagem

- Conceituar gene e genética.
- Diferenciar fenótipo de genótipo e heterozigoto de homozigoto.
- Explicar como ocorrem as mutações gênicas e quais são as suas consequências.
- Citar ferramentas utilizadas para a caracterização molecular de plantas.
- Discutir as aplicações da biotecnologia e da engenharia genética ao melhoramento de plantas.
- Listar as vantagens da engenharia genética em relação ao melhoramento convencional de plantas.

INTRODUÇÃO

Os seres vivos constituídos de biomoléculas básicas e a interação entre elas define o que eles são. Acredita-se que suas características sejam determinadas pela herança genética e que essa definição seja acompanhada pela expressão ou não de determinados genes. Esses genes podem, sozinhos (características monogênicas) ou em colaboração com outros genes (características multifatoriais), determinar a manifestação dessas características.

Estudos de fisiologia vegetal têm demonstrado a integração entre uma grande variabilidade de sinais ambientais e componentes genéticos. Fatores como quantidade e intensidade de luz diária e **vernalização** são considerados fatores primários nesse processo. Todas as partes dos vegetais podem contribuir definindo a interação desses fatores.

▶ **Definição**

> **Vernalização**: processo pelo qual sementes hidratadas (embebidas em água) ou uma planta em crescimento são expostas a temperaturas baixas não congelantes para serem induzidas a florescer. Sem o tratamento de frio, as plantas que exigem a vernalização mostram retardo no florescimento ou permanecem vegetativas.

Neste capítulo, serão abordados alguns aspectos relativos à genética vegetal, com a apresentação de conceitos importantes, como gene, genótipo e fenótipo. Além disso, serão destacadas algumas técnicas de engenharia genética aplicadas ao melhoramento de plantas.

GENE: CONCEITO E HISTÓRIA

O Quadro 8.1 apresenta alguns pesquisadores que foram importantes para a formulação do conceito de gene e, consequentemente, para o estudo da genética.

QUADRO 8.1
Pesquisadores importantes na história da genética.

Johann Gregor Mendel	Nascido em 20 de julho de 1822, em Heinzendorf bei Odrau, um pequeno vilarejo da antiga Áustria, hoje República Tcheca, Mendel é considerado o "pai da genética". Sem utilizar a palavra "gene", ele descreveu que "fatores" determinavam a manifestação de características em suas plantas. Mendel também utilizou termos como "elementos" e "análogos".
Wilhelm Johannsen	Em 1909, Johannsen utilizou o termo "**gene**" como o determinante de características hereditárias. Ele também afirmou que os genes eram determinados pelas células germinativas.
James Watson e Francis Crick	Em 25 de abril de 1953, com a publicação do clássico artigo "A Structure for Deoxyribose Nucleic Acid" na revista *Nature*, Watson e Crick descreveram a estrutura do ácido desoxirribonucleico (DNA).
Rosalind Franklin e Maurice Wilkins	Junto com Watson e Crick, Franklin e Wilkins, entre outros importantes cientistas, contribuíram de forma significativa para o estudo e a descrição da biologia molecular do gene. A partir de então, foi possível juntar a **genética** clássica com a genética molecular.

▶ **Definição**

> **Genética**: campo da biologia que estuda a hereditariedade, sendo a unidade da herança genética o gene.
> **Gene**: estrutura física e funcional do genoma, formada por uma sequência específica de DNA herdado, responsável por dar origem a um ácido ribonucleico (RNA), que, por sua vez, pode ou não dar origem a uma proteína.

GENÉTICA: ALGUNS CONCEITOS IMPORTANTES

Antes de abordar o genoma dos vegetais, é importante fazer algumas diferenciações entre termos muito utilizados na área da genética.

Fenótipo e genótipo

Quando se observa um organismo, geralmente se vê seu fenótipo, que representa o resultado do somatório dos alelos do organismo, com ou sem interação com o ambiente. O genótipo, por sua vez, é determinado pelo somatório dos alelos herdados do gameta feminino e do gameta masculino. Assim, o genótipo é a constituição genética do organismo para um determinado gene.

▶ *Definição*

Alelo: cada cópia de um determinado gene.

A relação da manifestação do fenótipo com o ambiente pode variar de acordo com a característica a ser estudada. Características muito utilizadas nos parâmetros de produção, como quantidade de grãos e, até mesmo, composição bioquímica e nutricional de um vegetal, podem sofrer grande influência do ambiente. Outras características, como textura e coloração, podem ser pouco afetadas pelo ambiente.

Homozigoto e heterozigoto

Se as cópias gênicas resultantes de um organismo forem idênticas, ele será considerado homozigoto. Caso essas cópias sejam diferentes, o organismo será considerado heterozigoto.

Recessivo e dominante

Em geral, de acordo com a manifestação das características relacionadas com os alelos, eles são classificados como dominantes ou recessivos. Quando a presença de um único alelo (heterozigoto) é suficiente para a manifestação de um determinado fenótipo, o alelo é dominante. Quando é necessária a presença de duas cópias idênticas de um mesmo alelo para a manifestação de um determinado fenótipo, o alelo é recessivo. Existem também genótipos com alterações de dominância (completa ou incompleta e codominância) e interações entre alelos de diferentes genes (epistasia).

> *Importante*
>
> Levando em consideração os 25 mil genes estimados de certos organismos vegetais, como será visto mais à frente, conhecer exatamente a função desses genes é a única maneira de definir a relação de dominância, codominância e recessividade.

GENOMA: O CÓDIGO GENÉTICO DO ORGANISMO

Em todo genoma de um organismo, existem muitos nucleotídeos e sequências que não codificam genes. Os genes são parte do DNA desses organismos e estão distribuídos nos distintos cromossomos de cada espécie. A Figura 8.1 ilustra um cromossomo, a estrutura de seu DNA, os genes deste e seus respectivos nucleotídeos.

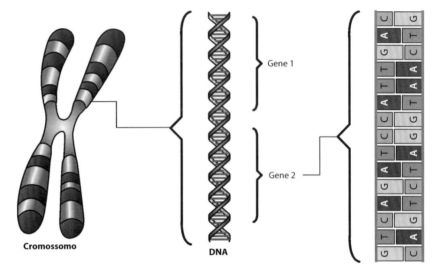

FIGURA 8.1
Cromossomo, DNA, genes e nucleotídeos.

Os nucleotídeos que compõem o DNA são os seguintes:

- adenina (A);
- guanina (G);
- timina (T);
- citosina (C).

Esses nucleotídeos podem sofrer alterações, levando a mudanças nas sequências desses segmentos. Essas alterações constituem fontes de variabilidade genética e são chamadas de "mutações". Elas podem gerar diferentes sequências de DNA de um mesmo gene, comparando-se às cópias gênicas ancestrais.

Quando essas mutações ocorrem nas células germinativas dos organismos, elas geram alelos diferentes, que serão herdados pelo zigoto. Dessa forma, pode-se ter diferentes sequências de um mesmo gene, ou seja, diferentes alelos. Didaticamente, costuma-se citar apenas dois alelos de cada gene, provenientes de seus gametas de origem. Todavia, não é tão raro que haja diversos alelos de um mesmo gene, o que dá origem aos polimorfismos genéticos.

Genoma vegetal

O tamanho do genoma dos vegetais pode variar bastante. As células de alguns vegetais podem ter até cinco vezes mais DNA do que uma célula dos seres humanos.

O sequenciamento completo do genoma da primeira planta ocorreu no fim do ano 2000. Distintos projetos objetivaram descobrir a função de aproximadamente 25 mil genes identificados na *Arabidopsis thaliana* (*Arabidopsis*).

Com o aumento da disponibilidade de genomas de uma grande variabilidade de vegetais, cresce a esperança de identificar genes, sequências de nucleotídeos homólogas e suas funções envolvidas no desenvolvimento vegetal. Entretanto, essa explosão de dados genéticos cria uma grande expectativa no que se refere a como avaliar e o que fazer com esses dados, que deverão ser explicados com a utilização de ferramentas de biologia integrativa.

> *Curiosidade*
>
> Esse foi o terceiro organismo multicelular a ser sequenciado, após o *Caenorhabditis elegans* e a *Drosophila melanogaster*.

GENÔMICA DE ALTO RENDIMENTO: O DESAFIO DOS GRANDES CONJUNTOS DE DADOS

Com o advento da genômica de alto rendimento, os cientistas estão começando a lidar com grandes conjuntos de dados. Com isso, eles encontram desafios relativos a manuseio, processamento e muitas informações novas a todo momento.

A cada ano que passa, então, os pesquisadores se voltam mais frequentemente para grandes números de dados, desde a regulação de genes e da evolução dos genomas. O European Bioinformatics Institute (EBI), localizado em Hinxton, Reino Unido, parte do EMBL, é um dos maiores repositórios de dados biológicos do mundo. O EBI armazena atualmente 20 petabytes (1PB = 1.015B) de dados e *backups* sobre genes, proteínas e pequenas moléculas. Os dados genômicos são responsáveis por 2PB, um número que mais do que duplica a cada ano.

> *Para saber mais*
>
> O National Center for Biotechnology Information (NCBI) é uma das principais fontes de informação sobre genes e proteínas da atualidade. Há muitas outras fontes importantes, como a Kyoto Encyclopedia of Genes and Genomes (Kegg; http://www.genome.ad.jp/kegg/*) e o Swiss-Prot (http://www.expasy.ch/sprot/**). O banco do NCBI é denominado "GenBank". O NCBI mantém uma estreita colaboração com o European Molecular Biology Laboratory (EMBL) e com o DNA Data Bank of Japan (DBBJ). Juntos, eles formam a colaboração internacional dos bancos de dados de sequências de nucleotídeos.

MELHORAMENTO GENÉTICO DE PLANTAS: FERRAMENTAS PARA A CARACTERIZAÇÃO MOLECULAR

O melhoramento genético de plantas, por meio de ferramentas e metodologias convencionais, tem sido muito bem-sucedido no desenvolvimento de variedades melhoradas. Hoje em dia, ferramentas e recursos genômicos estão levando a uma nova revolução do melhoramento de plantas, uma vez que facilitam o estudo do genótipo e sua relação com o fenótipo, em especial para as características complexas.

Abordagens e técnicas

Tecnologias de última geração, como, por exemplo, o New Generation Sequencing (NGS), estão permitindo o sequenciamento em massa de genomas e transcriptomas, produzindo, assim, uma vasta gama de informação genômica. Essas tecnologias de sequenciamento de nova geração começaram a ser comercializadas em 2005 e estão evoluindo rapidamente. Todas elas promovem o sequenciamento de DNA em plataformas capazes de gerar informação sobre milhões de pares de bases em uma única corrida.

Entre as plataformas mais conhecidas, há uma que se baseia no pirossequenciamento. Nesse sistema, o sequenciamento é realizado a partir de uma combinação de reações enzimáticas que se inicia com a liberação de um pirofosfato oriundo da adição de um desoxinucleotídeo à cadeia de DNA.

Em outro sistema, diferentemente, a reação de sequenciamento é catalisada por uma DNA-ligase, e não uma polimerase. O DNA-alvo é mecanicamente fragmentado, formando bibliotecas. As bibliotecas resultantes contêm milhões de moléculas únicas, representando a sequência-alvo inteira.

> **Importante**
>
> A análise dos dados de sequenciamento de nova geração desenvolvida pela bioinformática permite a descoberta de novos genes, sequências reguladoras e suas posições, disponibilizando grandes coleções de marcadores moleculares.

Estudos de expressão de todo o genoma fornecem uma compreensão da base molecular de características complexas. Abordagens genômicas possibilitam rastrear sequências mutantes e de variantes alélicas de genes-alvo em germoplasmas. O sequenciamento de genomas é muito útil para a descoberta de marcadores passíveis de serem utilizados em plataformas de genotipagem de alto rendimento, como SSRs (conjunto de marcadores de microssátelites) e SNPs (polimorifmos de nucleotídeos únicos), ou na construção de mapas genéticos de alta densidade.

Todas essas ferramentas e recursos facilitam o estudo da diversidade genética, o que é importante para a gestão de germoplasma, sua melhoria e sua utilização. Além disso, permitem a identificação de marcadores ligados a genes, utilizando uma diversidade de técnicas, como:

- análise *bulked* segregante (BSA, do inglês, *bulked segregant analysis*);
- mapeamento genético detalhado;
- mapeamento de associação.

---

*Disponível em: http://www.genome.ad.jp/kegg/.
**Disponível em: http://www.expasy.ch/sprot/.

Os avanços na genômica estão fornecendo novas ferramentas e metodologias que permitem um grande salto no melhoramento de plantas, incluindo a superdomesticação de culturas, a dissecação genética e a reprodução para traços complexos.

BIOTECNOLOGIA VEGETAL E ENGENHARIA GENÉTICA: RECURSOS PARA A INTRODUÇÃO E SELEÇÃO DE CARACTERÍSTICAS EM ORGANISMOS

A definição de **biotecnologia vegetal** inclui essencialmente toda a produção vegetal para fornecer os seguintes itens:

- alimentos;
- fibras;
- produtos com princípios ativos importantes para uso na farmacologia e na produção de diversos fármacos.

▶ *Definição*

Biotecnologia vegetal: utilização de vegetais ou seus componentes para o fornecimento de produtos ou processos úteis.

Esse conceito também envolve utilizações conhecidas de microrganismos simbiontes na produção vegetal.

A engenharia genética vegetal utiliza clonagem e alterações de genes entre as formas de vida vegetal. Nesse contexto, refere-se a uma grande variedade de tecnologias que permitem a alteração de características hereditárias fora do organismo vivo e a subsequente reintrodução da nova característica em um organismo para fins específicos.

Curiosidade

As novas variedades de organismos que se originam da reintrodução de características são chamados de "transgênicos", requerem a recombinação de material genético a partir de diferentes organismos para causar a mudança desejada. Contudo, algumas dessas técnicas são aplicadas sem resultar em uma planta transgênica.

Micropropagação e técnicas de cultura de tecido vegetal

A micropropagação, produção em massa de plantas idênticas a partir de pequenos brotos da planta-mãe, é uma biotécnica que pode eliminar a transmissão de bactérias causadoras de doenças ou vírus, que são agentes patogênicos nas plantas descendentes, enquanto mantêm as vantagens de reprodução vegetativa. Dessa forma, as células individuais de uma planta podem ser separadas e multiplicadas em plantas inteiras por meio de um processo conhecido como "cultura de tecido vegetal". A micropropagação permite que uma grande quantidade de cópias de uma única planta seja realizada livre dos parasitos vegetais.

Embora as técnicas de cultura de tecidos sejam valiosas, elas geralmente não modificam as características que são codificadas nos genes da planta. Como já dito, os genes são as unidades hereditárias (estruturas físicas funcionais do genoma), compostas de DNA, que estão organizadas em conjuntos para formar os cromossomos dentro do núcleo de cada célula.

Os sistemas biológicos dentro de um vegetal convertem as instruções do gene para a expressão de suas proteínas, uma para cada gene. Individualmente ou de forma combinada, essas proteínas executam todas as funções que determinam suas características individuais.

A produção vegetal levou algumas características a serem selecionadas. Primeiro, isso ocorreu de forma não consciente. Atualmente, toda e qualquer característica é selecionada geneticamente, com objetivos como, por exemplo:

- melhorar a qualidade da semente da planta;
- facilitar a colheita;
- aumentar o tamanho dos órgãos colhidos;
- mudar a forma do vegetal;
- eliminar substâncias amargas e tóxicas.

A combinação de melhores práticas agronômicas com o melhoramento genético das variedades levou a um aumento significativo na produtividade e na qualidade, particularmente nos últimos 50 anos.

> **Importante**
>
> O melhoramento genético das culturas não é algo que possa ser feito de uma vez por todas. Ele requer uma busca deliberada de combinações genéticas que possam ser a fonte de novas variedades ou de características de produção que mantenham a qualidade e o rendimento de culturas vegetais.

Apesar de proporcionar melhorias relativas à qualidade do produto, ao rendimento e ao desempenho regional, sempre aparecem novas variedades de doenças e pragas que exigem variedades resistentes. Nesse sentido, não se deve esquecer que, muitas vezes, o melhoramento genético, selecionando determinada característica, pode deixar de lado a rusticidade e a resiliência de uma variedade ancestral.

Detecção e localização de genes no cromossomo

Novos genes geralmente são introduzidos por meio da produção de organismos inférteis, o que favorece o controle do cultivo dessas variedades vegetais. Muitas vezes, nenhuma característica visual (fenótipo) é aparente, ou é mensurável somente em uma planta madura. Dessa forma, diferentes tipos de marcadores moleculares podem ser utilizados para confirmar a presença de um gene ou mesmo localizar sua posição relativa no cromossomo vegetal.

As enzimas e proteínas (os produtos dos genes) têm sido utilizadas por muitos anos para monitorar a herança de algumas características importantes. Contudo, a proteína pode estar presente em pequenas quantidades, o que dificulta sua detecção, ou ser afetada por outros genes ou, ainda, pelo ambiente no qual a planta está crescendo.

A fim de desenvolver culturas que possuam vários genes para dar ampla resistência, indivíduos que herdam todos os genes desejados a partir de ambos os gametas devem ser identificados. As características que são dependentes de um número de genes, como o teor de sólidos solúveis de tomates, bem como múltiplos marcadores intimamente relacionados com os genes desejados, podem ser rastreadas. Assim, indivíduos específicos podem ser selecionados. Essa tecnologia tem a vantagem de ser adequada para automação, com capacidade para processar milhares de amostras.

Expansão do potencial farmacêutico das plantas

Até recentemente, novos genes só poderiam ser introduzidos por meio da reprodução sexuada, o que limita a utilização de indivíduos já cultivados.

Os vegetais possuem mecanismos que impedem a fecundação por pólen que não o de sua própria espécie. Assim, uma característica desejável do repolho, por exemplo, pode não ser transferida para a alface, pois esses cruzamentos são incompatíveis.

> **Curiosidade**
>
> Cientistas do Massachusetts Institute of Technology (MIT), Estados Unidos, descobriram, por meio da engenharia genética, uma maneira de expandir o potencial farmacêutico de plantas, modificando seu metabolismo. Essa técnica faria vegetais geneticamente modificados produzirem compostos que podem ter funções medicinais.

Os pesquisadores do MIT adicionaram material genético bacteriano à *Catharanthus roseus*, conhecida como "vinca". Após esse processo, a planta foi capaz de vincular halogênios (cloro ou bromo) à classe de compostos alcaloides, que a planta produz normalmente, como visto nos Capítulos 6 e 7. Muitos dos alcaloides possuem propriedades farmacêuticas, e os halogênios, que são utilizados em antibióticos e outros remédios, podem tornar os medicamentos muito mais efetivos ou mais biodisponíveis no organismo.

DNA recombinante

Os transgênicos com as características supracitadas são produzidos por meio de uma tecnologia chamada de "**DNA recombinante**". Trata-se de uma tecnologia que permite que vegetais e microrganismos sejam utilizados para a produção de medicamentos.

▶ *Definição*

DNA recombinante: tecnologias que envolvem a inserção de um gene, responsável pela expressão de uma determinada proteína em um organismo, em outro organismo, que não tinha esse gene em seu material genético. Dessa forma, o microrganismo que antes não expressava tal proteína passa a produzi-la.

Esses métodos permitem aos cientistas identificar, cortar e voltar a ligar genes específicos (ou segmentos de DNA) por meio de um "vetor". O segmento de DNA pode, então, ser introduzido no mesmo organismo ou em um organismo diferente. Quando ele executa suas instruções (ou é "expresso"), transfere a característica codificada por esse gene ao organismo receptor. Como o DNA é quimicamente idêntico em todos os organismos, as instruções sobre as peças de DNA clonadas podem ser facilmente trocadas e "compreendidas" entre organismos tão diferentes como as bactérias e os seres humanos.

Devido à sua composição genética simples, a transferência de DNA para ou entre as bactérias é relativamente fácil. As primeiras aplicações da tecnologia de DNA recombinante foram voltadas para a introdução de genes úteis em bactérias, a fim de produzir grandes quantidades de produtos específicos. A insulina, por exemplo, é atualmente produzida por bactérias, expressando o gene da insulina humana.

Nas plantas, a transferência de genes, ou de informação genética, pode ser realizada por vários métodos. Pode-se utilizar um agente patogênico bacteriano, o *Agrobacterium tumefaciens*, para transferir o DNA desejado para a planta. A bactéria naturalmente transfere parte de seu DNA e faz os compostos que a bactéria consome serem produzidos. Contudo, esse vetor deve ser atenuado, ou seja, não possuir potencial patogênico. Os genes de interesse são clonados nos vetores para que possam ser transferidos para os vegetais sem causar doenças.

Métodos alternativos

Usando métodos alternativos, o DNA pode ser injetado diretamente nas células, por meio de duas técnicas: eletroporação e aceleração de partículas (Quadro 8.2). As células transgênicas resultantes de qualquer um desses processos podem ser selecionadas e produzirão vegetais inteiros, oriundos do cultivo de tecidos vegetais, com os genes de interesse.

> *Importante*
>
> Para cada espécie, o vetor adequado deve ser escolhido. Não existem vetores universais.

QUADRO 8.2
Técnicas para a injeção de DNA diretamente nas células.

Eletroporação	Aceleração de partículas
■ As paredes das células dos vegetais são removidas por meio de enzimas. ■ As células resultantes (nus) são protoplastos, que são misturados com o DNA desejado e submetidos a um campo elétrico. ■ O campo elétrico faz as membranas plasmáticas das células ficarem mais permeáveis e o DNA de interesse ser incorporado à célula.	■ O DNA de interesse é revestido com minúsculas partículas de tungstênio ou ouro. ■ Em seguida, dispara-se contra as células vegetais.

Engenharia genética *versus* melhoramento convencional

A engenharia genética vegetal oferece uma alternativa para cruzamentos e para a transferência gênica de traços desejáveis. Uma vez que um único ou alguns poucos genes específicos são transferidos, a planta hospedeira mantém todas as características botânicas desejáveis já fixadas por muitas etapas de seleção. A vantagem mais significativa, no entanto, é que os genes podem ser transferidos entre organismos que não são sexualmente compatíveis.

> **Importante**
>
> Após a introdução de uma nova característica por meio da engenharia genética, a variedade vegetal ainda deve ser testada para produtividade e qualidade em condições de campo – e, talvez, ser incorporada em um cultivo híbrido – antes que receba a aceitação comercial.

O melhoramento convencional pode levar até oito anos para fixar e selecionar uma característica. Quando se utiliza a engenharia genética, esse tempo geralmente fica em três anos. No entanto, a engenharia genética não elimina a necessidade contínua de melhoramento, por meio da reprodução e da seleção desses vegetais.

Produção de anticorpos

Um dos principais métodos farmacológicos empregados no combate ao câncer é a utilização de anticorpos contra proteínas altamente expressas nesses tumores. O câncer consiste em uma classe de doenças que envolvem o crescimento celular anormal e descontrolado.

As muitas células cancerosas são originárias de uma única célula mutada, que dá início ao crescimento de células capazes de se proliferar sem controle. Durante o desenvolvimento do câncer, algumas células podem migrar de seu local de origem, ou seja, criar metástases, causando tumores secundários em outras partes do corpo.

Estudos têm revelado que anticorpos monoclonais (mAbs) têm a capacidade de:

- desencadear reações citotóxicas, por meio do sistema complemento;
- ativar células efetoras, incluindo células *natural killers* e macrófagos, para destruir as células tumorais;
- inibir a atividade de moléculas, devido à afinidade de suas regiões de ligação variável de antígeno específicas.

Os mAbs produzidos em plantas são eficientes no tratamento de metástases e na prevenção da recorrência de câncer colorretal em pacientes de alto risco.

Para que a planta produza as células desejadas, os engenheiros introduzem nela mecanismos de controle genético, que farão com que ela gere o anticorpo desejado. A planta é infectada com uma bactéria, *Agrobacterium*, que transporta o material genético.

A maioria dos sistemas utilizados para a produção de mAbs em larga escala, em plantas transformadas, funciona como biorreatores. Trata-se de

> **Curiosidade**
>
> A planta primeiramente usada para a produção de mAbs foi a do tabaco. Os mAbs produzidos (expressos) a partir de plantas de tabaco podem reconhecer plenamente células cancerígenas. Um mAb produzido em plantas de tabaco e purificado liga-se a um antígeno que é altamente expresso na superfície das células do carcinoma colorretal humano.

cultivos *in vitro*, que permitem o crescimento e a propagação de células desses vegetais, como uma plataforma de cultura de células em suspensão.

Estes sistemas vegetais ajudam na fabricação de biomassa de plantas *in vitro*, incluindo folhas, caules, raízes, e as plantas maduras podem ser transplantadas e cultivadas *in vivo* (em vasos de solo). Assim, em termos de flexibilidade para uso em condições tanto *in vitro* como em *in vivo*, essas plantas são diferentes de outros sistemas de produção de cultura de células descritos.

ATIVIDADES

1. Diferencie fenótipo de genótipo.
2. Sobre o código genético, assinale **V** (verdadeiro) ou **F** (falso).
   ( ) Os genes estão distribuídos nos distintos cromossomos de cada espécie.
   ( ) Os nucleotídeos que compõem o DNA são imutáveis.
   ( ) As células dos vegetais têm menos DNA do que as dos seres humanos.
   ( ) Pode haver diversos alelos de um mesmo gene.
   Assinale a alternativa que apresenta a sequência correta.
   (A) F – V – V – F
   (B) V – F – V – F
   (C) F – V – F – V
   (D) V – F – F – V
3. Cite três recursos que permitem realizar o sequenciamento do genoma vegetal.
4. Sobre a biotecnologia vegetal e as abordagens para o melhoramento de plantas, assinale a alternativa correta.
   (A) A aplicação das técnicas de engenharia genética sempre resulta em uma planta transgênica.
   (B) As técnicas de cultura de tecidos, em geral, não modificam as características que são modificadas nos genes da planta.
   (C) Nos últimos 50 anos, o melhoramento genético das culturas contribuiu para o aumento da produtividade, mas diminuiu a qualidade.
   (D) Na técnica de eletroporação, o DNA de interesse é revestido com minúsculas partículas de tungstênio ou ouro.
5. Observe as afirmativas sobre a técnica de DNA recombinante.
   I Com esta técnica, um microrganismo que não expressava determinada proteína pode passar a produzi-la.
   II Ao utilizar um agente patogênico bacteriano para transferir o DNA desejado para uma planta, o vetor deve ser atenuado, ou seja, não possuir potencial patogênico.
   III Alguns vetores utilizados na técnica são universais, sendo aplicáveis a todas as espécies.

Quais estão corretas?

(A) Apenas as afirmativas I e II.
(B) Apenas as afirmativas I e III.
(C) Apenas as afirmativas II e III.
(D) As afirmativas I, II e III.

LEITURAS RECOMENDADAS

MOUSSAVOU, G. et al. Production of monoclonal antibodies in plants for cancer immunotherapy. *BioMed Research International*, v. 2015, article ID 306164, 2015.

RUNGUPHAN, W.; QU, X.; O'CONNOR S. E. Integrating carbon-halogen bond formation into medicinal plant metabolism. *Nature*, v. 468, n. 7322, p. 461-464, Nov. 2010.

9

INTRODUÇÃO À FITOTERAPIA: CONCEITOS E DEFINIÇÕES

Clara Lia Costa Brandelli

Objetivos de aprendizagem

- Listar as razões para a recente renovação do interesse por plantas medicinais.
- Definir planta medicinal, medicamento fitoterápico e fitoterapia.
- Diferenciar planta medicinal de fitoterápico.
- Explicar por que o mercado brasileiro de fitoterápicos é pouco competitivo.
- Identificar as normativas da Agência Nacional de Vigilância Sanitária (Anvisa) referentes a fitoterápicos.
- Citar vantagens e desvantagens do uso de fitoterápicos.

INTRODUÇÃO

A natureza foi a primeira fonte de remédio e também a primeira farmácia a que o homem recorreu. Desde o início da história da humanidade até o fim do século XX, a população buscou nas plantas medicinais a cura e o alívio para diversas doenças. O homem pré-histórico já utilizava e possuía conhecimento para diferenciar as plantas comestíveis daquelas que podiam auxiliar na cura de alguma enfermidade. Imagina-se que a utilização das plantas terapêuticas pelo homem tenha iniciado por meio da observação dos animais.

Neste capítulo, serão apresentados aspectos históricos referentes à fitoterapia, bem como conceitos importantes e as normativas da Anvisa. Por fim, serão abordadas as vantagens e desvantagens do uso de fitoterápicos.

USO DE PLANTAS MEDICINAIS: BREVE HISTÓRICO

Ao longo dos séculos, os produtos de origem vegetal constituíram as bases para o tratamento de diversas patologias, seja pelo conhecimento tradicional ou pela utilização de plantas como fonte de novos medicamentos. Estima-se que cerca de 25% dos fármacos usados em países industrializados tenham sido obtidos de plantas medicinais.

> **Reflexão**
>
> Qual seria a razão para a retomada do interesse por plantas medicinais?

Apesar de as ervas terem sido drasticamente desprezadas para fins terapêuticos em meados do século XX – em razão do progresso científico e do uso dos produtos sintéticos –, elas nunca deixaram de ser utilizadas, principalmente pelos povos de países em desenvolvimento. Em alguns casos, elas representavam a única forma terapêutica disponível. Interessantemente, o que se observa atualmente é que os benefícios das plantas medicinais vêm sendo cada vez mais resgatados, não somente pelas sociedades industrializadas, mas também pela pesquisa científica.

São diversos os fatores envolvidos na renovação do interesse pelas plantas medicinais, entre eles:

- a realidade de que grande parte da população mundial não tem acesso aos medicamentos;
- a crescente consciência ecológica e sustentável;
- a crença de que o natural é inofensivo;
- o fato de que essas plantas são economicamente mais acessíveis, o que as torna uma alternativa atrativa;
- o fato evidente dos poderes curativos das plantas.

De acordo com a Organização Mundial da Saúde (OMS, 2002), 80% das pessoas dos países em desenvolvimento no mundo dependem da **medicina tradicional** para suas necessidades básicas de saúde.

▶ *Definição*

Medicina tradicional: "compreende diversas práticas, enfoque, conhecimentos e crenças sanitárias que incluem plantas, animais e/ou medicamentos baseados em minerais, terapias espirituais, técnicas manuais e exercícios, aplicados individualmente ou em combinação para manter o bem-estar, além de tratar, diagnosticar e prevenir as enfermidades." (ORGANIZAÇÃO MUNDIAL DA SAÚDE, 2002 apud BRASIL, 2006, p. 47).

Sabe-se que cerca de 85% da medicina tradicional utilizada pelos países menos desenvolvidos envolve o uso de plantas ou de seus extratos. Essa é uma realidade observada também no Brasil.

PLANTAS MEDICINAIS: CONCEITO E ASPECTOS GERAIS

O conceito de "planta medicinal" varia ligeiramente de acordo com quem a define. No Quadro 9.1, são apresentadas as definições de duas importantes instituições, a OMS e a Anvisa.

As plantas medicinais têm tradição, pois são usadas como remédio em uma população ou comunidade. Para utilizar uma planta, é necessário conhecê-la e saber onde colhê-la e como prepará-la.

QUADRO 9.1
Definições de planta medicinal.

OMS	Espécie vegetal, cultivada ou não, utilizada com propósitos terapêuticos (prevenir, aliviar, curar ou modificar um processo fisiológico normal ou patológico), ou como fonte de fármacos e de seus precursores.
Anvisa	Planta capaz de tratar ou curar doenças.

Fonte: Elaborado com base em Agência Nacional de Vigilância Sanitária (2002) e Brasil (2006).

> **Importante**
> A eficácia e o baixo risco de uso são características desejáveis das plantas medicinais, assim como a reprodutibilidade e a constância de sua qualidade.

A aplicação apropriada dos princípios ativos de uma planta exige o preparo correto. Para cada parte a ser usada, para cada grupo de princípio ativo a ser extraído e para cada doença a ser tratada, existe uma forma de preparo e um uso corretos.

PLANTAS MEDICINAIS SÃO FITOTERÁPICOS?

Segundo Rates (2001), as plantas medicinais podem ser utilizadas de diversas maneiras e com várias finalidades, por exemplo:

- *in natura*, com partes inteiras ou sob forma rasurada (para preparação de chás e/ou outras preparações caseiras);
- drogas pulverizadas;
- extratos brutos;
- frações enriquecidas;
- extratos padronizados;
- tinturas;
- extratos fluidos;
- comprimidos;
- cápsulas;
- outras formas farmacêuticas.

Como visto, as plantas medicinais podem ser submetidas a diversos processos de extração e purificação para o isolamento de substâncias de interesse. Essas substâncias podem ser utilizadas como fármacos, por exemplo; nesse caso, são chamadas de "fitofármacos". "Medicamento fitoterápico", por sua vez, é definido pela Anvisa da seguinte forma:

> [...] medicamento obtido empregando-se exclusivamente matérias-primas ativas vegetais. É caracterizado pelo conhecimento da eficácia e dos riscos de seu uso, assim como pela reprodutibilidade e constância de sua qualidade. Sua eficácia e segurança é validada através de levantamentos etnofarmacológicos de utilização, documentações tecnocientíficas em publicações ou ensaios clínicos fase 3. Não se considera medicamento fitoterápico aquele que, na sua composição, inclua substâncias ativas isoladas, de qualquer origem, nem as associações destas com extratos vegetais (AGÊNCIA NACIONAL DE VIGILÂNCIA SANITÁRIA, 2004).

A partir da definição de "medicamento fitoterápico" estabelecida pela Anvisa, é possível conceituar "**fitoterapia**".

▶ *Definição*

Fitoterapia: terapêutica caracterizada pela utilização de plantas medicinais em suas diferentes preparações farmacêuticas, sem o uso de substâncias ativas isoladas, ainda que de origem vegetal.

Portanto, as plantas medicinais não podem ser consideradas fitoterápicos. Fitoterápico é um medicamento vegetal, resultado da industrialização da planta medicinal. A diferença entre planta medicinal e fitoterápico reside na elaboração da planta para uma formulação específica, o que caracteriza um fitoterápico.

O Quadro 9.2 apresenta alguns exemplos do que não pode ser considerado fitoterápico.

Importante

Os medicamentos fitoterápicos industrializados devem ser registrados na Anvisa antes de serem comercializados.

QUADRO 9.2
Elementos que não podem ser considerados fitoterápicos.

Chás	No Brasil, os chás são enquadrados como alimentos.
Medicamentos homeopáticos	Os medicamentos homeopáticos são produzidos de forma diferente dos fitoterápicos, por meio de dinamização. Além de princípios ativos de origem vegetal, também são utilizados outros de origem animal, mineral e sintética.
Partes de plantas medicinais	As plantas medicinais são consideradas matérias-primas a partir das quais se produz o fitoterápico. No Brasil, elas podem ser comercializadas em farmácias e ervanarias, desde que não apresentem indicações terapêuticas definidas, se faça um acondicionamento adequado e se declare sua classificação botânica.

Fonte: Elaborado com base em Agência Nacional de Vigilância Sanitária (2002).

FITOTERAPIA NO BRASIL E NO MUNDO

No Ocidente, considera-se a Alemanha como o primeiro e maior incentivador das terapias naturais, principalmente da fitoterapia. Nesse país, os produtos florais chegam a ser responsáveis por cerca de 40% das prescrições. A China é a campeã na utilização de medicamentos naturais; lá, somente se recorre à alopatia quando não se encontra um substituto de tal medicamento na flora chinesa. Sabe-se, ainda, que 50% dos europeus e mais de 50% dos norte-americanos usam fitoterápicos.

O Brasil é um país dotado de uma biodiversidade extremamente rica, contendo, em seu território, cinco dos principais biomas, a saber:

- a floresta amazônica;
- o cerrado;

- a mata atlântica;
- o pantanal;
- a caatinga.

No Brasil, estão aproximadamente 20% das 250 mil espécies de plantas catalogadas no planeta. Além disso, a diversidade étnica, cultural e socioeconômica contribui para que o país tenha uma forte tradição no uso de plantas medicinais com conhecimento associado.

Tendo em vista os dados supracitados, o Brasil deveria ser referência no mercado mundial de fitoterápicos. Esses números sugerem uma imensa possibilidade de geração de uma relação custo-benefício vantajosa para a população, promovendo saúde a partir de plantas produzidas localmente. Apesar disso, a maioria dos fitoterápicos fabricados atualmente pela indústria brasileira está embasada no uso popular das plantas ditas medicinais, sem que haja, contudo, uma comprovação clínica ou pré-clínica. Isso impede a competitividade dessa indústria em nível nacional ou internacional.

A fitoterapia vem crescendo de forma importante nos últimos anos, o que provavelmente se deve a uma combinação dos fatores a seguir:

- elevados custos dos medicamentos da indústria farmacêutica;
- valorização da utilização de produtos naturais pelos meios de comunicação;
- questionamentos da população acerca do uso indiscriminado de medicamentos sintéticos, com a consequente busca de uma alternativa nos fitoterápicos, pelo entendimento de que a fitoterapia é uma opção mais "suave" para o cuidado de sua saúde.

Além de todos esses fatores, a ação terapêutica de muitas plantas utilizadas popularmente tem sido comprovada.

O Brasil possui um grande potencial genético para o desenvolvimento de novas drogas. Portanto, a fitoterapia consiste em uma alternativa benéfica para a assistência à saúde de uma grande parte de sua população.

> **Importante**
>
> Para adquirir o registro do fitoterápico e sua liberação para venda, é necessário o cumprimento de várias etapas, que incluem estudos microscópicos do vegetal, análise farmacológica, toxicidade, entre outras. Para todas elas, existe uma legislação específica que define e regulamenta o passo a passo, de acordo com a Anvisa.

FITOTERÁPICOS: DEFINIÇÕES E NORMATIVAS DA ANVISA

Visando a uma maior segurança e a um maior controle na utilização de medicamentos fitoterápicos, a Anvisa dispõe de várias Resoluções da Diretoria Colegiada (RDCs) que regulamentam a obtenção, a qualidade e a distribuição (venda) de fitoterápicos.

A legislação atual sobre o registro de medicamentos fitoterápicos, a RDC nº 48, de 16 de março de 2004, traz algumas definições em seu escopo que é importante mencionar (Quadro 9.3).

QUADRO 9.3
Definições relativas a fitoterápicos estabelecidas pela RDC nº 48/2004.

Droga vegetal	Planta medicinal, ou suas partes, após processos de coleta, estabilização e secagem, podendo ser íntegra, rasurada, triturada ou pulverizada. Também é chamada de "planta seca". Nem a planta seca nem a planta fresca (aquela coletada no momento do uso) são objeto de registro.
Derivado de droga vegetal	Produto de extração da matéria-prima vegetal, por exemplo: ■ extrato; ■ tintura; ■ óleo; ■ cera; ■ exsudato; ■ suco.
Matéria-prima vegetal	Planta medicinal fresca, droga vegetal ou derivado de droga vegetal. Compreende os estágios pelos quais passa a planta medicinal até a elaboração do fitoterápico.
Fitoterápico	Medicamento obtido empregando-se exclusivamente derivados de drogas vegetais. É caracterizado pelo conhecimento da eficácia e dos riscos de seu uso, assim como pela reprodutibilidade e constância de sua qualidade. Não se considera fitoterápico aquele que, na sua composição, inclua substâncias ativas isoladas, de qualquer origem, nem suas associações com extratos vegetais.
Marcador	Componente ou classe de compostos químicos presente na matéria-prima vegetal, idealmente correlacionado com o efeito terapêutico, que é utilizado como referência no controle de qualidade da matéria-prima vegetal e dos fitoterápicos. Todos os lotes de um fitoterápico devem ser reproduzidos com uma quantidade similar do marcador. Atualmente, não se considera apropriado o uso de uma classe de composto químico como marcador; isso é aceito apenas quando não se consegue identificar substâncias específicas.
Princípio ativo do fitoterápico	Substância ou classe de compostos quimicamente caracterizada, cuja ação farmacológica é conhecida e responsável, total ou parcialmente, pelos efeitos terapêuticos do fitoterápico. Diferencia-se dos medicamentos sintéticos por não ter sua ação baseada em uma substância química isolada e purificada. Na maioria das vezes, a ação é devida a um conjunto de moléculas (fitocomplexo) que agem sinergicamente para promover a ação terapêutica e, às vezes, antagonicamente, neutralizando determinados efeitos tóxicos.

Fonte: Agência Nacional de Vigilância Sanitária (2004).

O Quadro 9.4 mostra as principais legislações vigentes sobre plantas medicinais e fitoterápicos, e a Figura 9.1 ilustra as diferenças entre os conceitos de "remédio fitoterápico", "medicamento fitoterápico" e "medicamento químico".

QUADRO 9.4
Principais legislações vigentes sobre plantas medicinais e fitoterápicos.

Produtos	Documento	Objetivo
Plantas medicinais	Lei nº 5.991, de 17 de dezembro de 1973	Controle sanitário do comércio de drogas, medicamentos e insumos farmacêuticos e correlatos.
	Decreto nº 5.813, de 22 de junho de 2006	Política Nacional de Plantas Medicinais.
	Renisus	Relação Nacional das Plantas Medicinais de Interesse ao SUS.
Droga vegetal	Resolução RDC nº 10, de 9 de março de 2010	Notificação de droga vegetal na ANVISA.
	Resolução RDC nº 267, de 22 de setembro de 2005	Regulamento Técnico de Espécies vegetais para o preparo de chás.
	Resolução RDC nº 219, de 22 de dezembro de 2006	Espécies vegetais e parte(s) de espécies vegetais para o preparo de chás.
	Resolução RDC nº 17, de 16 de abril de 2010	Boas Práticas de Fabricação de Drogas Vegetais Sujeitas à Notificação.
Filolerápico manipulado	Resolução RDC nº 67, de 08 de outubro de 2007	Boas Práticas de Manipulação de Preparações Magistrais e Oficinais para Uso Humano em Farmácias.
	Resolução RDC nº 87, de 21 de novembro de 2008.	Boas Práticas de Manipulação em Farmácias.
Medicamento fitoterápico	Resolução RDC nº 48, de 16 de março de 2004	Registro de medicamentos filolerápicos.
	RE nº 90, de 16 de março de 2004	Guia para os estudos de loxiciclade de medicamentos fitoterápicos.
	RE nº 91, de 16 de março de 2004	Guia para realização de alteração, inclusões, notificações e cancelamento pós registro de fitoterápicos.
	Resolução RDC nº 95, de 11 de dezembro de 2008	Texto de bula de medicamentos filolerápicos.
	Instrução normativa nº 05, de 11 de dezembro de 2008	Lista de medicamentos fitoterápicos de registro simplificado.
	Instrução normativa nº 05, de 31 de março de 2010	Lista de referências bibliográficas para avaliação de segurança, eficácia de medicamentos fitoterápicos.
	Resolução RDC nº 14, de 31 de março de 2010	Registro de medicamentos fitoterápicos (atual).
	Resolução RDC nº 17, de 16 de abril de 2010	Boas Práticas de Fabricação de Medicamentos (inclui parte especifica de medicamentos fitoterápicos)
	Portaria GM/MS nº 533, de 28 de março de 2012 (Relação Nacional de Medicamentos Essenciais)	Elenco de filolerápicos na Atenção Básica: alcachofra (*Cynara scolymus* L.), aroeira (*Schinus terebinthifolius* Raddi), babosa (*Aloe vera* [L.] Burm. F.), cáscara-sagrada (*Rhamnus purshiana* DC.), espinheira-santa (*Maytenus officinalis* Mabb.), guaco (*Mikania glomerata* Spreng.), garra-do-diabo (*Harpagophytum procumbens*), hortelã (*Menthax piperita* L.), isoflavona-de-soja (*Glycinemax* L. Merr.), plantago (*Plantago ovata* Forssk.), salgueiro (*Salix alba* L.), unha-de-gato (*Uncaria tomentosa* [Willd. ex Roem. & Schult.])

Fonte: Antonio (2013).

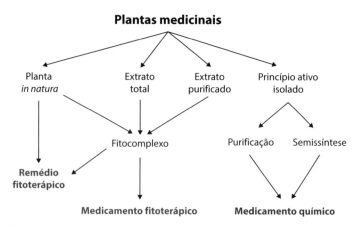

FIGURA 9.1
Esquema de diferenciação de conceitos relativos a fitoterápicos e plantas medicinais.

Para saber mais

Sabendo que fitoterápicos são muito mais baratos do que os fármacos sintéticos, o Ministério da Saúde possui uma lista com 71 plantas medicinais que podem ser usadas como medicamentos pelo Sistema Único de Saúde (SUS) (BRASIL, 2009). Essas plantas possuem poderosos princípios ativos, que, nas dosagens certas, podem ser tão ou mais eficazes que os demais medicamentos conhecidos, com a vantagem de serem muito mais baratos.

USO DE FITOTERÁPICOS: VANTAGENS E DESVANTAGENS

Plantas medicinais, preparações fitofarmacêuticas e produtos naturais isolados representam um mercado que movimenta bilhões de dólares, tanto em países industrializados quanto em países em desenvolvimento. Somente em 2008, estudos mostram que os fitoterápicos movimentaram globalmente US$ 21,7 bilhões por ano, o que representa uma parcela significativa do mercado de medicamentos. No Brasil, os fitoterápicos movimentam, anualmente, cerca de US$ 400 milhões, representando cerca de 6,7% das vendas do setor de medicamentos.

Os fitoterápicos são uma alternativa para a obtenção de medicamentos mais acessíveis em países em desenvolvimento, onde grande parte da população não tem acesso a medicamentos sintéticos, devido a seu alto custo.

Apesar de serem uma opção vantajosa, não se deve esquecer que os fitoterápicos são medicamentos. Dessa forma, também há desvantagens em seu uso, como mostra o Quadro 9.5.

---

*A lista das plantas está disponível em: http://portalsaude.saude.gov.br/index.php/cidadao/principal/agencia-saude/noticias-anterioresagencia-saude/3487-.

QUADRO 9.5
Desvantagens e problemas relacionados ao uso de fitoterápicos.

Possibilidade de reações e outros problemas de saúde	Segundo informações da Anvisa, todos os medicamentos à base de vegetais (assim como qualquer outro medicamento) podem causar reações desagradáveis e até mesmo problemas mais sérios de saúde. Nesse contexto, deve-se ter uma atenção especial com crianças, idosos e gestantes.
Associação com outros medicamentos	O uso de fitoterápicos associados a outros medicamentos é um risco para a saúde do paciente, principalmente quando este faz automedicação e seu médico desconhece a utilização.
Uso indiscriminado	Uma das grandes preocupações com o uso de plantas medicinais como forma alternativa e complementar de terapêutica é seu uso indiscriminado, irracional e sem comprovação científica. Há uma forte tendência à procura por medicamentos menos invasivos e mais naturais, pois "o que é natural não faz mal"; dessa maneira, existe a ilusão de que não ocorrem efeitos adversos, interações medicamentosas e toxicidade com o uso de fitoterápicos.
Cultura e religião	A cultura e as crenças religiosas podem levar ao uso de fitoterapias sem a comprovação científica de sua eficácia.
Exposição da mídia	As promessas de cura relacionadas a estes medicamentos que são veiculadas pela mídia constituem um equívoco, pois, antes da liberação de determinada substância para venda, são necessários estudos botânicos, farmacológicos e toxicológicos que comprovem sua eficácia.
Venda livre	Por serem de venda livre, os medicamentos fitoterápicos podem ser dispensados e utilizados de maneira irracional.
Falta de disciplinas relacionadas em cursos da saúde	Hoje em dia, os cursos da área da saúde, como a medicina, não possuem disciplinas específicas para a utilização destes recursos terapêuticos.
Escassez de estudos	Faltam estudos de plantas nativas quanto à sua segurança e eficácia; por isso, utilizam-se plantas importadas com poucas comprovações sobre interações medicamentosas. A escassez de estudos sobre a farmacocinética destes medicamentos dificulta também a prescrição da posologia correta e o desenvolvimento de formas farmacêuticas atuais.

> **Importante**
>
> A recomendação do uso de determinada planta como medicinal, validada e incluída na farmacopeia, necessita de uma confirmação científica, de modo que seu princípio ativo seja identificado ou evidenciado farmacologicamente. Ao fim desse processo, são feitas formulações com indicações de seu uso seguro e adequado, para que os resultados desejados sejam atingidos.

Sem dúvida, em uma perspectiva ampla, a fitoterapia pode e deve ser considerada como uma área multidisciplinar, pois engloba fatores como:

- recursos culturais;
- práticas e saberes locais;
- preservação das riquezas naturais e da biodiversidade;
- interação dos usuários com a natureza e com os profissionais da equipe de saúde.

Além disso, a fitoterapia enriquece as possibilidades terapêuticas, promove a socialização da pesquisa científica e renova o interesse da população no uso de plantas medicinais.

ATIVIDADES

1. Sobre a história do uso de plantas medicinais, assinale **V** (verdadeiro) ou **F** (falso).

   ( ) Em meados do século XX, os países de todo o mundo deixaram de utilizar ervas com fins medicinais.

   ( ) De acordo com estimativas, aproximadamente ¼ do total de fármacos utilizados em países industrializados foram obtidos de plantas medicinais.

   ( ) Os países desenvolvidos costumam recorrer com mais frequência à medicina tradicional do que os países em desenvolvimento.

   ( ) A consciência ecológica constitui um dos motivos pelos quais houve uma renovação do interesse por plantas medicinais nos últimos anos.

   Assinale a alternativa que apresenta a sequência correta.

   (A) V – F – V – F
   (B) V – V – F – F
   (C) F – V – F – V
   (D) F – F – V – V

2. Assinale a alternativa que apresenta um exemplo de fitoterápico.

   (A) Medicamento vegetal resultante da industrialização da planta medicinal.
   (B) Chá de boldo.
   (C) Medicamento homeopático produzido por dinamização.
   (D) Fruto da planta medicinal.

3. Por que o Brasil é pouco competitivo no mercado de fitoterápicos, apesar de sua grande biodiversidade?

4. De acordo com a Anvisa, qual é o termo que designa uma planta medicinal após os processos de coleta, estabilização e secagem?

   (A) Planta fresca.
   (B) Derivado de droga vegetal.
   (C) Fitoterápico.
   (D) Droga vegetal.

5. Cite três desvantagens associadas ao uso de fitoterápicos.

REFERÊNCIAS

AGÊNCIA NACIONAL DE VIGILÂNCIA SANITÁRIA. *Medicamentos fitoterápicos*. Brasília: ANVISA, 2002. Disponível em: < http://www.anvisa.gov.br/medicamentos/fitoterapicos/index.htm>. Acesso em: 24 abr. 2017.

AGÊNCIA NACIONAL DE VIGILÂNCIA SANITÁRIA. *Resolução nº 48, de 16 de março de 2004*. Dispõe sobre o registro de medicamentos fitoterápicos. Brasília: ANVISA, 2004. Disponível em: <https://www.diariodasleis.com.br/busca/exibelink.php?numlink=1-9-34-2004-03-16-48>. Acesso em: 13 abr. 2017.

BRASIL. Ministério da Saúde. MS elabora Relação de Plantas Medicinais de Interesse ao SUS. *Portal da Saúde SUS*, 06 mar. 2009. Disponível em: <http://portalsaude.saude.gov.br/index.php/cidadao/principal/agencia-saude/noticias-anterioresagencia-saude/3487- >. Acesso em 13 abr. 2017.

BRASIL. Ministério da Saúde. *Política Nacional de Plantas Medicinais e Fitoterápicos*. Brasília: MS, 2006. (Série B. Textos Básicos de Saúde). Disponível em: < http://bvsms.saude.gov.br/bvs/publicacoes/politica_nacional_fitoterapicos.pdf>. Acesso em: 24 abr. 2017.

ORGANIZAÇÃO MUNDIAL DA SAÚDE. *Estrategia de La OMS sobre medicina tradicional 2002-2005*. Genebra: OMS, 2002.

RATES, S. M. K. Promoção do uso racional de fitoterápicos: uma abordagem de ensino em farmacognosia. *Revista Brasileira de Farmacognosia*, Maringá, v. 11, n. 2, p. 57-69, 2001.

LEITURAS RECOMENDADAS

BRASIL. Ministério da Saúde. *Portaria nº 971, de 3 de maio de 2006*. Aprova a Política Nacional de Práticas Integrativas e Complementares (PNPIC) no Sistema Único de Saúde. Brasília: MS, 2006.

YUNES, A. R.; PEDROSA, R. C.; CECHINEL FILHO, V. Fármacos e fitoterápicos: a necessidade do desenvolvimento da indústria de fitoterápicos e fitofármacos no Brasil. *Química Nova* São Paulo, v. 24, n. 1, p. 147-152, 2001.

10

USO RACIONAL DE MEDICAMENTOS FITOTERÁPICOS E PRESCRIÇÃO

Clara Lia Costa Brandelli
Luciana Signor Esser

Objetivos de aprendizagem

- Definir uso racional de medicamentos (URM).
- Discutir os problemas relacionados ao URM fitoterápicos e plantas medicinais.
- Listar os avanços que indicam a tendência à racionalização do uso de fitoterápicos e plantas medicinais no Brasil.
- Relacionar os principais fitoterápicos utilizados no Brasil com suas respectivas interações medicamentosas.

INTRODUÇÃO

Considerando as diversidades regionais e a extensa flora que é encontrada no Brasil, estabelecer relações racionais quanto ao uso de fitoterápicos e plantas medicinais pode evitar o uso indiscriminado e, às vezes, prejudicial dessa alternativa terapêutica. Desde que os fitoterápicos começaram a fazer parte das relações de medicamentos essenciais, surgiram os primeiros passos para um uso racional. Isso auxilia os profissionais da saúde a desenvolver ações com medicamentos que apresentem eficácia comprovada e com o menor custo possível, tanto para os usuários quanto para o sistema.

Neste capítulo, serão abordados alguns aspectos do URM fitoterápicos e plantas medicinais. Além disso, será apresentada uma lista de interações entre fitoterápicos utilizados frequentemente no Brasil e outros medicamentos.

USO RACIONAL DE MEDICAMENTOS FITOTERÁPICOS: CONCEITOS

Antes de iniciar o assunto em questão, é importante estabelecer os conceitos de URM fitoterápicos (Quadro 10.1).

QUADRO 10.1
Fitoterápicos e uso racional de medicamentos.

	Definição	Observações
URM	Segundo a Organização Mundial da Saúde (OMS, 1987), é a utilização de um medicamento de modo que se maximize sua eficácia e minimize o risco de reações adversas, a um custo razoável.	■ O uso de medicamentos se torna racional quando os pacientes recebem medicamentos que atendam aos seguintes critérios: ☐ sejam apropriados à sua situação clínica; ☐ estejam nas doses que satisfazem as suas necessidades individuais; ☐ sejam utilizados pelo tempo necessário; ☐ tenham o menor custo possível para o paciente e para a comunidade em geral.
Fitoterápicos	Para a Agência Nacional de Vigilância Sanitária (ANVISA, [2011?]), são medicamentos obtidos a partir de plantas medicinais.	■ São obtidos pelo emprego exclusivo de derivados de droga vegetal, como, por exemplo: ☐ extrato; ☐ tintura; ☐ óleo; ☐ cera; ☐ exsudato; ☐ suco. ■ Não é objeto de registro como medicamento fitoterápico a planta medicinal (ou suas partes) após processos de coleta, estabilização e secagem, podendo ser íntegra, rasurada, triturada ou pulverizada. ■ Os fitoterápicos, assim como todos os medicamentos, devem oferecer garantia de qualidade, bem como ter efeitos terapêuticos comprovados, composição padronizada e segurança de uso para a população. ■ A eficácia e a segurança devem ser validadas por meio de levantamentos etnofarmacológicos e documentações tecnocientíficas em bibliografia e/ou publicações indexadas e/ou estudos farmacológicos e toxicológicos pré-clínicos e clínicos. ■ A qualidade deve ser alcançada mediante o controle dos seguintes aspectos: ☐ matérias-primas; ☐ produto acabado; ☐ materiais de embalagem; ☐ formulação farmacêutica; ☐ estudos de estabilidade.

USO RACIONAL DE MEDICAMENTOS FITOTERÁPICOS E PLANTAS MEDICINAIS: PROBLEMAS, DESAFIOS E AVANÇOS

O URM fitoterápicos e plantas medicinais e os problemas relacionados a isso podem ser abordados sob diferentes perspectivas, como será demonstrado a seguir.

Falta de comprovação clínica

A maioria dos fitoterápicos fabricados atualmente pela indústria brasileira está embasada no uso popular das plantas ditas medicinais, sem que haja, contudo, uma comprovação clínica ou pré-clínica. Isso impede sua competitividade com medicamentos alopáticos em nível nacional e internacional, compromete a segurança de prescrever esse tipo de medicamento e dificulta a caracterização das reações adversas, bem como a proposta de um plano de farmacovigilância.

Automedicação e desconhecimento sobre o preparo e a utilização

Outro problema relacionado ao uso de fitoterápicos e plantas medicinais é a automedicação. Muitos pacientes, principalmente idosos, acreditam que essa terapia, por ser de origem natural, não traz qualquer malefício, como efeitos adversos ou interações medicamentosas. Entretanto, sabe-se que, além de as plantas e os fitoterápicos apresentarem certo grau de toxicidade e interações, há diferentes formas de utilização, a depender do tipo e da parte específica da planta que contém o fármaco.

É importante que haja ações educativas para a população quanto aos modos de preparo e utilização das plantas para uso terapêutico, por exemplo:

- decocção (fervura);
- maceração;
- infusão.

> **Dica**
>
> Quando a parte da planta utilizada tem estrutura rígida e compactada (p. ex., raízes, cascas e sementes), geralmente é recomendada a decocção. Para partes como flores e folhas, é indicada a infusão ou a maceração. Para substâncias termolábeis ou voláteis, o calor é desaconselhado.

Deve-se escolher com atenção a melhor forma de emprego de cada planta, para que a utilização gere o efeito esperado. Além disso, o chá deve ser consumido imediatamente para que as substâncias ativas não sofram reações de hidrólise, decomposição ou outras reações provocadas pelo ambiente. Normalmente, essas informações não chegam ao paciente, pois, na maioria das vezes, a indicação de uso é feita por familiares ou amigos, ou seja, pessoas leigas.

> **Importante**
>
> A inserção racional de fitoterápicos é uma prática que deve partir do conhecimento do médico, do nutricionista, do dentista, do veterinário ou do farmacêutico, bem como das interações que esses medicamentos podem ter com os alopáticos ou com os próprios fitoterápicos. Reforçar o estudo da fitoterapia pelos profissionais da saúde seria o caminho para uma prática segura, de menor custo e com menores efeitos adversos.

Despreparo de profissionais da saúde quanto à prescrição de fitoterápicos

Apesar de o uso de plantas medicinais ser mais comum, há uma preocupação quanto à utilização de fitoterápicos. Essa classe de medicamentos é de venda livre, e estudos demonstram um certo despreparo ou receio dos profissionais em indicar essa alternativa terapêutica. O profissional farmacêutico presente nas farmácias e drogarias, por exemplo, deveria orientar sobre a automedicação e o URM fitoterápicos. No entanto, de forma geral, os farmacêuticos, assim como outros profissionais prescritores, estão saindo para o mercado com pouco conhecimento sobre isso. Apesar desse despreparo, a população acredita nesses profissionais.

A Figura 10.1 apresenta um modelo de prescrição de medicamentos fitoterápicos.

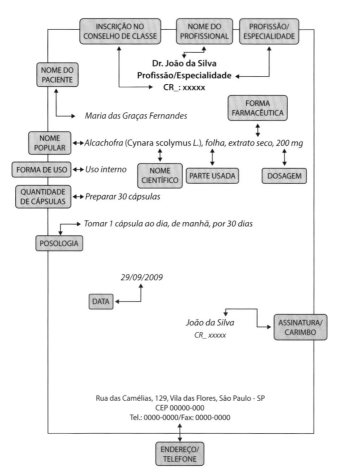

FIGURA 10.1
Exemplo de prescrição de fitoterápico.
Fonte: Panizza (2010, p. 117).

Em um estudo realizado com pacientes idosos em 2014, Ângelo e Ribeiro (2014) investigaram a possibilidade de troca dos medicamentos sintéticos por plantas medicinais ou fitoterápicos por indicação do médico ou do farmacêutico. O estudo demonstrou que 52,35% dos indivíduos fariam a substituição, justificando que os profissionais de saúde estudaram para isso e conhecem os medicamentos.

Outras barreiras

Existem alguns motivos para que não haja uma evolução no consumo consciente e no desenvolvimento de fitoterápicos e fitofármacos (Quadro 10.2). Essas razões impedem o impulso desse mercado e do conhecimento acerca dos usos pelos profissionais da saúde.

QUADRO 10.2
Motivos que barram o desenvolvimento do URM fitoterápicos.

Falta de incentivo e desenvolvimento de políticas, por parte das autoridades responsáveis, "definidas, permanentes e comprometidas" com o desenvolvimento da indústria farmacêutica, principalmente a fitofarmacêutica nacional.
Ausência de integração das diferentes áreas do conhecimento (química, bioquímica, farmacologia, botânica, tecnologia farmacêutica), o que impede a obtenção de extratos ativos e possíveis fitoterápicos.
Incompetência da indústria nacional de fitoterápicos, não interessada no desenvolvimento de empresas competitivas em nível internacional.

Além das razões listadas no Quadro 10.2, algumas questões podem ser apresentadas como os principais problemas na fitoterapia:

- o entendimento de que "o que é natural não faz mal", desconsiderando a possibilidade de reações adversas e efeitos tóxicos;
- a aceitação cultural e a ligação com crenças religiosas, contrariando critérios de eficácia e segurança;
- a prescrição e a dispensação não regulamentadas;
- a falta de disciplinas específicas nos cursos da área da saúde, principalmente na medicina (os médicos, de maneira geral, não acreditam nos fitoterápicos);
- a falta de avaliações referentes à segurança e à eficácia de uso de plantas listadas na farmacopeia e das 71 plantas estudadas pelo MS (em sua maioria, plantas nativas);
- a existência de poucos estudos sobre interações entre dois ou mais fitoterápicos, entre fitoterápicos e alimentos e entre fitoterápicos e medicamentos alopáticos.

Avanços

Considerando o que foi descrito, percebe-se que há uma forte inclinação à racionalização de fitoterápicos e plantas medicinais, uma vez que já existem normas técnicas para a avaliação da eficácia e da segurança dos fitoterápicos, como:

- a criação da legislação específica para registro de medicamentos dessa classe (RDC nº 14/2010);
- a publicação de monografias;
- a inserção de 12 medicamentos na Relação Municipal de Medicamentos Essenciais (Remume);
- a criação da Farmácia Viva, que, além de manipular fitoterápicos, tem um importante papel na disseminação e no uso correto das plantas medicinais.

A Política Nacional de Práticas Integrativas e Complementares (PNPIC) no Sistema Único de Saúde (SUS) foi aprovada, em 3 de maio de 2006, pela Portaria nº 971/2006 do Ministério da Saúde (MS). O objetivo do MS com a PNPIC foi obter uma melhoria nos serviços públicos de saúde, com a inserção de diferentes abordagens e opções preventivas e terapêuticas. A partir disso, visava-se aumentar o acesso aos usuários do SUS, em que a fitoterapia teve um papel importante.

No Brasil, estudos realizados pelo MS resultaram em um projeto nacional, no qual constam as 71 plantas medicinais de interesse do SUS, mencionadas neste capítulo, que são prioritárias para a realização de pesquisas (BRASIL, 2009). Essas plantas também fazem parte da Relação Nacional de Medicamentos Essenciais (Rename), com 12 medicamentos, e da Remume de vários municípios brasileiros (RIO GRANDE DO SUL, 2014).

FITOTERÁPICOS COMUMENTE UTILIZADOS NO BRASIL E SUAS INTERAÇÕES MEDICAMENTOSAS

Interações de medicamentos (IMs) são eventos clínicos em que os efeitos de um fármaco são alterados pela presença de outro fármaco, alimento, bebida ou algum agente químico ambiental. O princípio ativo é o responsável pelas alterações no efeito de determinada substância quando administrada em conjunto com outra. Dessa maneira, não são apenas as substâncias presentes nos medicamentos alopáticos que sofrem interações, mas também as existentes em plantas empregadas na preparação de chás, xaropes caseiros e medicamentos fitoterápicos.

Segundo um estudo realizado por Nicoletti et al. (2007), pode-se citar, de maneira resumida, alguns exemplos de interações medicamentosas de fitoterápicos de uso oral constantes na Resolução nº 89, de 16 de março de 2004 (Quadro 10.3).

QUADRO 10.3
Interações medicamentosas de fitoterápicos de uso oral.

	Indicações/Ações terapêuticas	Padronização/Marcador	Interações medicamentosas
Alcachofra (*Cynara scolymus* L.)	■ Colerético ■ Colagogo	■ Cinarina ou derivados do ácido cafeoilquínico expressos em ácido clorogênico ■ Dose diária: 7,5 a 12,5 mg de cinarina ou derivados	■ Um estudo em animais demonstrou que o efeito diurético promovido pela alcachofra poderá ser prejudicial quando ela for utilizada com diuréticos, gerando quedas de pressão arterial e excreção de potássio; existe a possibilidade de desencadeamento de hipocalemia. ■ As interações mais graves poderão ser verificadas com diuréticos de alça (furosemida) e tiazídicos (clortalidona, hidroclorotiazida, indapamida).
Alho (*Allium sativum* L.)	■ Coadjuvante no tratamento de hiperlipedemia e hipertensão arterial leve ■ Prevenção da aterosclerose	■ Aliina ou alicina ■ Dose diária: 6 a 10 mg de aliina	■ Pacientes que utilizam anticoagulantes orais, como a varfarina, poderão apresentar aumento do tempo de sangramento quando forem administrados medicamentos contendo alho; efeito semelhante será observado no uso dos antiplaquetários. ■ O alho poderá intensificar o efeito de drogas hipoglicemiantes (insulina e glipizida), causando hipoglicemia. ■ Quando usado com saquinavir (empregado no tratamento de infecção por HIV), o alho poderá diminuir os níveis plasmáticos daquela droga, tornando seu efeito terapêutico menos eficaz; isso poderá ocorrer também com outras drogas antirretrovirais. ■ Drogas metabolizadas pelo sistema hepático enzimático P450 poderão ser afetadas pelo alho. ■ Os quimioterápicos poderão ter seus níveis alterados; foi evidenciado, por meio de um estudo em laboratório, que a citarabina e a fludarabina, utilizadas no tratamento de leucemia, apresentaram efeito intensificado quando administradas com medicamentos fitoterápicos contendo alho. ■ Estudos demonstraram uma pequena redução dos níveis de colesterol no sangue após a administração oral de suplementos contendo alho, bem como uma redução na pressão arterial; esses aspectos deverão ser considerados, uma vez que o efeito poderá ser intensificado quando o fitoterapico for utilizado com medicamentos que apresentem essas ações terapêuticas.

(Continua)

QUADRO 10.3
Interações medicamentosas de fitoterápicos de uso oral. *(Continuação)*

	Indicações/Ações terapêuticas	Padronização/Marcador	Interações medicamentosas
Boldo, boldo-do-chile (*Peumus boldo* Molina)	■ Colagogo ■ Colerético ■ Tratamento sintomático de distúrbios gastrintestinais espásticos	■ Alcaloides totais calculados, como boldina ■ Dose diária: 2 a 5 mg de boldina	■ Indivíduos com problemas de tireoide ou que tomam medicamentos para essa disfunção deverão ter cautela no uso de suplementos contendo alho, uma vez que ele poderá afetar a tireoide. ■ A boldina causa inibição da agregação plaquetária decorrente da não formação do tromboxano A2, tanto em modelos animais quanto em amostras de sangue humano. ■ Pacientes que estão sob a terapia de anticoagulantes não deverão ingerir concomitantemente medicamentos contendo boldo, pela ação aditiva à função antiplaquetária de anticoagulantes.
Camomila (*Matricaria recutita* L.)	■ Antiespasmódico ■ Anti-inflamatório tópico ■ Distúrbios digestivos ■ Insônia leve	■ Apigenina-7-glucosídeo ■ Dose diária: 4 a 24 mg de apigenina-7-glucosídeo	■ A camomila interage com anticoagulantes (como a varfarina) podendo aumentar o risco de sangramento. ■ Com barbitúricos (fenobarbital) e outros sedativos, a camomila poderá intensificar ou prolongar a ação depressora do sistema nervoso central e reduzir a absorção de ferro ingerido por meio de alimentos ou medicamentos. ■ Pesquisas em animais sugerem que a camomila interfere no sistema enzimático hepático citocromo P450. ■ A camomila poderá apresentar efeito antiestrogênico e interagir com drogas ou suplementos contendo soja ou *Trifolium pratense*. ■ Várias outras interações estão descritas, porém não foram bem estudadas.
Cáscara-sagrada (*Rhamnus purshiana* D. C.)	■ Constipação ocasional	■ Cascarosídeo A ■ Dose diária: 20 a 30 mg de cascarosídeo A	■ O uso da cáscara-sagrada com diuréticos tiazídicos não é recomendado, resultando em hipocalemia. ■ A cáscara-sagrada poderá potencializar o efeito de glicosídeos cardiotônicos, devido à promoção do desequilíbrio de eletrólitos. ■ Como a cáscara-sagrada aumenta o trânsito gastrintestinal, poderá afetar a absorção de medicamentos administrados por via oral. ■ A cáscara-sagrada aumenta a pressão arterial e, por isso, não deverá ser indicada para hipertensos.

Farmacobotânica

Castanha-da-índia (*Aesculus hippocastanum* L.)	■ Fragilidade capilar
	■ Insuficiência venosa
		■ Escina
		■ Dose diária: 32 a 120 mg de escina
			■ Em razão de seus constituintes, a semente de castanha-da-índia aumenta o risco de sangramentos quando utilizada com:
			    □ ácido acetilsalicílico;
			    □ varfarina;
			    □ heparina;
			    □ clopidogrel;
			    □ anti-inflamatórios, como ibuprofeno ou naproxeno.
			■ A escinase liga-se às proteínas plasmáticas, podendo afetar a ligação de outras drogas.
			■ Estudos baseados em animais indicaram que a castanha-da-índia poderá intensificar o efeito hipoglicemiante de medicamentos para diabetes por via oral ou, ainda, insulina.
			■ A eficácia de fármacos com atividade antiúlcera ou antiúlcera poderá ser afetada na presença da castanha-da-índia, que é irritante ao trato gastrintestinal; quando utilizada com sene, poderá potencializar o efeito laxativo.
			■ A castanha-da-índia não deverá ser administrada com outras drogas nefrotóxicas, como a gentamicina.

Erva-cidreira (*Melissa officinalis* L.)	■ Carminativo ■ Antiespasmódico ■ Distúrbios do sono	■ Acidos hidroxicinâmicos calculados em ácido rosmarínico ■ Dose diária: 60 a 180 mg de ácido rosmarínico	■ A erva-cidreira poderá interagir com outros medicamentos contendo plantas medicinais, sobretudo a kava-kava (*Piper methysticum* G. Forst). ■ De maneira geral, a erva-cidreira interage com depressores do sistema nervoso central e com hormônios tiroideanos (poderá se ligar à tirotropina).
Erva-de-são-João, hipérico (*Hypericum perforatum* L.)	■ Estados depressivos leves a moderados, não endógenos	■ Hipericinas totais ■ Dose diária: 0,9 a 2,7 g de hipericina	■ Não há relatos de interação entre o hipérico e alimentos (queijos envelhecidos, fígado de galinha, creme azedo e vinho tinto) e plantas que contenham tiramina, porém, essa interação deverá ser considerada. ■ A possível interação medicamentosa entre o hipérico e os contraceptivos orais poderá resultar em sangramentos e, até mesmo, em gravidez indesejada. ■ A administração de hipérico com lansoprazol, omeprazol, piroxicam e sulfonamida poderá aumentar a fotossensibilidade. ■ O hipérico potencializa o efeito de inibidores da monoaminoxidase, aumentando a pressão arterial.

(Continua)

QUADRO 10.3
Interações medicamentosas de fitoterápicos de uso oral. *(Continuação)*

Indicações/Ações terapêuticas	Padronização/Marcador	Interações medicamentosas

		■ Quando o hipérico for administrado com fármacos, como ciclosporina (em transplantes) e indinavir (tratamento de aids), os níveis sanguíneos desses fármacos poderão ser reduzidos, gerando graves consequências.
		■ Outros fármacos que poderão ter redução de sua biodisponibilidade se usados conjuntamente com o hipérico são:
		  □ digoxina;
		  □ teofilina;
		  □ varfarina.
		■ A síndrome serotoninérgica poderá ser causada quando o hipérico for utilizado, concomitantemente, com alguns fármacos das seguintes classes:
		  □ antidepressivos tricíclicos;
		  □ inibidores da recaptação de serotonina;
		  □ inibidores da monoaminoxidase;
		  □ inibidores de apetite;
		  □ antienxaquequosos (agonistas serotoninérgicos e alcaloides do ergot);
		  □ broncodilatadores;
		  □ alimentos (que contenham tiramina ou triptofano).

Ginkgo biloba (*Ginkgo biloba* L.)	■ Vertigens e zumbido (tinidos) resultantes de distúrbios circulatórios gerais e distúrbios circulatórios periféricos (claudicação intermitente)	■ Extrato padronizado com 24% de ginkgoflavonoides (quercetina, Kaempferol Isorhamnetina) e 6% de terpenolactonas (bilobalide, ginkgolídeos A, B, C, E)	■ O uso de ginkgo poderá potencializar a ação do ácido acetilsalicílico, do clopidogrel, de anticoagulantes e de anti-inflamatórios não esteroidais, como ibuprofeno ou naproxeno, aumentando o risco de sangramentos. ■ Em contrapartida, o uso de ginkgo poderá diminuir a ação de anticonvulsivantes (fenitoína) e, na presença de antidepressivos (inibidores da monoaminoxidase), intensifica a ação farmacológica dessas drogas, bem como dos seus efeitos colaterais.

Farmacobotânica | **119**

Insuficiência vascular cerebral	■ Dose diária: 80 a 240 mg de extrato padronizado, em 2 ou 3 administrações, ou 28,8 a 57,6 mg de ginkgoflavonoides e 7,20 a 14,4 mg de terpenolactonas	■ Quando usado com sertralina, o ginkgo poderá aumentar: 　□ os batimentos cardíacos; 　□ a hipertermia; 　□ a sudorese; 　□ a rigidez muscular; 　□ a agitação. ■ Em teoria, o ginkgo poderá intensificar a ação de drogas usadas para disfunção erétil, como sildenafil, dos efeitos colaterais do fluoruracil e da toxicidade renal das ciclosporinas. ■ Doses elevadas de ginkgo poderão elevar a pressão arterial quando administradas com alimentos (com elevados níveis de proteína ou em conservas) que tenham tiramina.
Ginseng (*Panax ginseng* C. A. Meyer)	■ Ginsenosídeos ■ Dose diária: 5 a 30 mg de ginsenosídeos totais	■ Estudos sugerem que o ginseng poderá reduzir a ação anticoagulante da varfarina e aumentar o risco de sangramentos quando utilizado com: 　□ ácido acetilsalicílico; 　□ heparina; 　□ clopidogrel; 　□ anti-inflamatórios não esteroidais, como ibuprofeno e naproxeno. ■ Estudos *in vitro* mostraram que muitos componentes do ginseng inibem a agregação plaquetária e diminuem os teores de açúcar no sangue (este efeito poderá ser intenso em diabéticos). ■ O ginseng poderá desencadear efeitos estrogênicos, e seu uso tem sido associado a relatos de: 　□ sensibilidade de mama; 　□ falha de períodos menstruais; 　□ sangramentos vaginais pós-menopausa; 　□ aumento de mama em homens; 　□ dificuldade em conseguir e manter a ereção; 　□ aumento da libido.
Estado de fadiga física e mental Adaptógeno		

(*Continua*)

QUADRO 10.3
Interações medicamentosas de fitoterápicos de uso oral. *(Continuação)*

	Indicações/Ações terapêuticas	Padronização/Marcador	Interações medicamentosas
			- O uso de ginseng com antidepressivos inibidores da monoaminoxidase poderá desencadear tremores, cefaleias e insônias.
- De acordo com relatos clínicos, o ginseng poderá alterar a pressão arterial ou a efetividade de medicamentos cardíacos.
- O efeito analgésico de opioides poderá ser inibido se o ginseng for utilizado.
- Uma interação positiva entre ginseng e ginkgo foi avaliada em voluntários sadios, demonstrando ser mais efetiva no aumento da função cognitiva do que a administração individual de cada droga.
- O ginseng não é recomendado a mulheres grávidas ou em fase de amamentação.
Guaco (*Mikania glomerulata* Sprengl.)	- Expectorante
- Broncodilatador	- Cumarina
- Dose diária: 0,525 a 4,89 mg de cumarina	- Extratos secos de guaco poderão interagir, sinergicamente *in vitro*, com alguns antibióticos, como:
□ tetraciclinas;
□ cloranfenicol;
□ gentamicina;
□ vancomicina;
□ penicilina.
Hortelã-pimenta (*Mentha piperita* L.)	- Carminativo
- Expectorante
- Cólicas intestinais	- Mentol 30 a 55% e mentona 14 a 32%
- Dose diária: 0,2 a 0,8 g de óleo	- Deve-se ter precaução na administração do óleo de hortelã-pimenta em pacientes anêmicos ou crianças.
- Estudos relatam que, quando a hortelã-pimenta é administrada por via oral, poderá aumentar os níveis sanguíneos de drogas, como a felodipino e a sinvastatina.

Farmacobotânica **121**

- Estudos em laboratório demonstram que o óleo de hortelã-pimenta interfere no sistema enzimático hepático citocromo P450; como consequência, os níveis de outras drogas administradas concomitantemente poderão se elevar no sangue, intensificando os efeitos ou potencializando reações adversas. Algumas drogas que poderão ser afetadas são:
  - camomila;
  - alcaçuz;
  - equinácea;
  - hipérico.

Sene
(*Senna alexandrina* Mill.)

- Laxativo
- Derivados hidroxiantracênicos (calculados como senosídeo B)
- Dose diária: 10 a 30 mg de senosídeo B

- A diminuição do tempo do trânsito intestinal (pela ação laxativa do sene) poderá reduzir a absorção de fármacos administrados por via oral.
- A perda de potássio decorrente do uso de sene poderá potencializar os efeitos de glicosídeos cardiotônicos (digitális e estrofanto).
- A hipocalemia por uso prolongado abusivo de sene como laxativo poderá intensificar a ação de fármacos antiarrítmicos, como a quinidina, que afeta os canais de potássio.

Valeriana
(*Valeriana officinalis*)

- Insônia leve
- Sedativo
- Ansiolítico
- Sesquiterpenos (ácido valerênico, ácido acetoxivalerênico)
- Dose diária: 0,8 a 0,9 mg de sesquiterpenos

- A valeriana possui ação sedativa, e essa propriedade poderá ser potencializada, promovendo maior tempo de sedação, quando utilizada com:
  - benzodiazepínicos;
  - barbitúricos;
  - narcóticos;
  - alguns antidepressivos;
  - álcool;
  - anestésicos.

ATIVIDADES

1. Quais são os critérios que definem se determinado medicamento está sendo utilizado de forma racional?

2. Sobre os problemas relacionados ao URM fitoterápicos e plantas medicinais, assinale **V** (verdadeiro) ou **F** (falso).

   ( ) Os idosos estão mais propensos a acreditar que a fitoterapia não traz nenhum prejuízo, pelo fato de sua origem ser natural.

   ( ) Um dos problemas citados é a falta de conhecimento sobre o preparo e a utilização das plantas medicinais; nesse contexto, o ideal é que folhas e flores sejam submetidas a decocção.

   ( ) Os farmacêuticos e outros profissionais prescritores costumam ter amplo conhecimento sobre fitoterápicos; o problema, neste caso, é que a população não confia na indicação desses profissionais.

   ( ) A falta de integração entre diferentes áreas do conhecimento, como botânica, farmacologia e química, é um entrave para a obtenção de extratos ativos e possíveis fitoterápicos.

   Assinale a alternativa que apresenta a sequência correta.

   (A) V – F – F – V
   (B) V – V – F – F
   (C) F – V – V – F
   (D) F – F – V – V

3. Por que as substâncias presentes em medicamentos fitoterápicos sofrem interações?

4. Observe, a seguir, os medicamentos que podem ter sua ação potencializada quando administrados em conjunto com o ginkgo biloba.

   I Ácido acetilsalicílico
   II Fenitoína
   III Clopidogrel
   IV Ibuprofeno

   Quais estão corretos?

   (A) Apenas as afirmativas I, II e III.
   (B) Apenas as afirmativas I, II e IV.
   (C) Apenas as afirmativas I, III e IV.
   (D) Apenas as afirmativas II, III e IV.

5. Sobre as interações medicamentosas de fitoterápicos, assinale a alternativa correta.

   (A) Estudos *in vitro* mostraram que muitos componentes do ginseng potencializam a agregação plaquetária e aumentam os teores de açúcar no sangue.

   (B) Não há relatos de interação entre a erva-de-são-joão e plantas que contenham tiramina, então, essa interação pode ser desconsiderada.

   (C) O alho pode diminuir o efeito da insulina, causando hiperglicemia.

   (D) A interação entre a castanha-da-índia e a heparina pode aumentar o risco de sangramentos.

REFERÊNCIAS

AGÊNCIA NACIONAL DE VIGILÂNCIA SANITÁRIA. *Medicamentos fitoterápicos*: definição. Brasília: ANVISA, [2011?]. Disponível em: ≤http://www.anvisa.gov.br/medicamentos/fitoterapicos/definicao.htm>. Acesso em: 10 jun. 2016.

AGÊNCIA NACIONAL DE VIGILÂNCIA SANITÁRIA. *Resolução RDC nº 14, de 31 de março de 2010*. Brasília: ANVISA, 2010.

AGÊNCIA NACIONAL DE VIGILÂNCIA SANITÁRIA. *Resolução RDC nº 89, de 16 de março de 2004*. Brasília: ANVISA, 2004.

ÂNGELO, T.; RIBEIRO, C. C Utilização de plantas medicinais e medicamentos fitoterápicos por idosos. *Revista Ciência e Desenvolvimento*, Vitória da Conquista, v. 7, n. 1, p. 18-31, jan./jun. 2014.

BRASIL. Ministério da Saúde. MS elabora Relação de Plantas Medicinais de Interesse ao SUS. *Portal da Saúde SUS*, 06 mar. 2009. Disponível em: <http://portalsaude.saude.gov.br/index.php/cidadao/principal/agencia-saude/noticias--anterioresagencia-saude/3487- >. Acesso em 13 abr. 2017.

BRASIL. Ministério da Saúde. *Portaria nº 971, de 3 de maio de 2006*. Aprova a Política Nacional de Práticas Integrativas e Complementares (PNPIC) no Sistema Único de Saúde. Brasília: MS, 2006.

NICOLETTI, M. A. et al. Principais interações no uso de medicamentos fitoterápicos. *Infarma*, v. 19, n. 1/2, p. 32-40, 2007.

PANIZZA, S. T. *Como prescrever ou recomendar plantas medicinais e fitoterápicos*. São Paulo: Metha, 2010.

RIO GRANDE DO SUL. Secretaria Estadual da Saúde. *Relação Nacional de Medicamentos Essenciais RENAME 2014*. Porto Alegre: Secretaria Estadual da Saúde, 2014.

WORLD HEALTH ORGANIZATION. *The rational use of drugs*. Geneva: WHO; 1987.

LEITURAS RECOMENDADAS

ANTONIO, G. D.; TESSER, C. D.; MORETTI-PIRES, R. O. Phytotherapy in primary health care. *Revista Saúde Pública*. São Paulo, v. 48, n. 3, p. 541-553, jun. 2014.

AZEVEDO, M. A. M. Análise da valoração dos impactos ambientais e da demanda de fitoterápicos oriundos do maracujá no Brasil. *Revista da FAE*. Curitiba, v. 11, n. 1, p. 19-31, jan./jun. 2008.

BRASIL. Ministério da Saúde. Secretaria de Atenção à Saúde. Departamento de Atenção Básica. *Práticas integrativas e complementares*: plantas medicinais e fitoterapia na Atenção Básica Brasília: MS, 2012.

CASCAES, E. A.; FALCHETTI, M. L.; GALATO, D. Perfil da automedicação em idosos participantes de grupos da terceira idade de uma cidade do sul do Brasil. *Arquivos Catarinense de Medicina*. Florianópolis, v. 37, n. 1, p. 63-69, 2008.

LIMA, S. C. S. et al. As representações e usos de plantas medicinais em homens idosos no cotidiano. *Revista Latino-Americana de Enfermagem*, v. 20, n. 4, p. 1-8, jul./ago. 2012.

RATES, S. M. K. Promoção do uso Racional de Fitoterápicos: uma abordagem no ensino de farmacognosia. *Revista Brasileira de Farmacognosia*. Maringá, v. 11, n. 2, p. 57-69, 2001.

SIMÕES, C. M. et al. *Farmacognosia: da planta ao medicamento*. 6. ed. Florianópolis: UFSC, 2004.

11
POLÍTICA NACIONAL DE PLANTAS MEDICINAIS E FITOTERÁPICOS

Clara Lia Costa Brandelli

Objetivos de aprendizagem

- Discutir os conhecimentos necessários e o papel do profissional de saúde na indicação de fitoterápicos.
- Explicar por que o Brasil tem grande potencial para a utilização de plantas medicinais.
- Diferenciar e relacionar medicina tradicional (MT) e medicina complementar e alternativa (MCA).
- Citar as principais políticas e programas relacionados a MT/MCA no Brasil, bem como seus objetivos.
- Listar as ações em foco referentes à inserção de plantas medicinais e fitoterápicos no SUS.

INTRODUÇÃO

A Organização Mundial da Saúde (OMS) constatou que práticas de saúde não convencionais, como acupuntura, fitoterapia e técnicas manuais, estão ganhando espaço e se desenvolvendo constantemente, com o objetivo de complementar as terapias medicamentosas alopáticas (ORGANIZAÇÃO MUNDIAL DA SAÚDE, 2008). A fitoterapia e o uso de plantas medicinais fazem parte da MT, pois abordam um conjunto de saberes populares nos diversos usuários e praticantes, principalmente pela tradição passada de geração para geração. Trata-se de uma forma extremamente eficaz e alternativa de atendimento primário à saúde, que pode complementar o tratamento comumente empregado, sobretudo para a população de menor renda.

Muitos estudos comprovam que, além de utilizar os medicamentos alopáticos, a população que busca atendimento nas unidades básicas de saúde (UBS) também recorre às plantas medicinais com fins terapêuticos.

Para grande parte das pessoas, o uso de plantas medicinais é uma prática histórica que se integra à utilização de medicamentos sintéticos – considerados mais caros e agressivos ao organismo.

Nesse contexto, as plantas medicinais e seus derivados estão entre os principais recursos terapêuticos da MT/MCA e vêm, há muito, sendo utilizados pela população brasileira nos seus cuidados com a saúde, seja na MT popular ou nos programas públicos de fitoterapia no Sistema Único de Saúde (SUS), alguns com mais de 20 anos de existência. Entre as práticas integrativas e complementares, as plantas medicinais e a fitoterapia são as mais presentes no SUS. A maioria das experiências ocorre na atenção primária à saúde.

Neste capítulo, será discutido o papel do profissional de saúde na utilização de fitoterápicos e o potencial do Brasil para o uso de plantas medicinais. Posteriormente, serão apresentadas políticas e programas brasileiros a respeito de práticas tradicionais, integrativas e complementares.

O PAPEL DO PROFISSIONAL DE SAÚDE NA UTILIZAÇÃO DE FITOTERÁPICOS

A disseminação do uso de plantas medicinais e a automedicação se devem principalmente ao baixo custo e ao fácil acesso a uma grande parcela da população. A maioria dos usuários desconhece os diversos problemas decorrentes da utilização errônea e irracional dessas plantas (Figura 11.1).

Tendo em vista os problemas apresentados, percebe-se a necessidade de um planejamento da assistência aos pacientes de UBS que leve em conta os fatores culturais que envolvem a população e a utilização de recursos fitoterápicos. Entretanto, essas ações somente terão impacto na melhoria da saúde da população quando os profissionais de saúde adquirirem alguns conhecimentos acerca das plantas medicinais e dos fitoterápicos, a saber:

- conhecimento em relação às propriedades terapêuticas das plantas que são usadas localmente;
- conhecimentos técnicos que incluam o preparo de fitoterápicos para fins terapêuticos, as indicações, os cuidados e as dosagens;
- conhecimento sobre a percepção da relação saúde-doença.

É válido ressaltar que a indicação de fitoterápicos na medicina não tem o propósito de substituir os medicamentos já registrados e comercializados com eficácia e segurança comprovadas. Na verdade, a intenção é enriquecer as opções terapêuticas dos profissionais de saúde, ofertando medicamentos equivalentes, igualmente registrados e com eficácia comprovada, para as mesmas indicações terapêuticas e complementares às existentes.

> ***Importante***
>
> Ao profissional de saúde, cabe o papel de orientar o usuário sobre o uso de plantas medicinais e fitoterápicos. Para isso, ele deve possuir conhecimento prévio sobre a realização segura da terapêutica. A orientação para uma utilização adequada e racional, sem perda de efetividade dos metabólitos (princípios ativos) localizados nas plantas e sem risco de intoxicação por uso inadequado, é de fundamental importância.

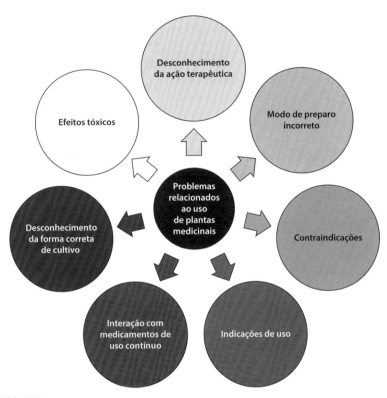

FIGURA 11.1
Principais problemas da utilização de plantas medicinais sem conhecimento prévio e orientação de profissionais da saúde.

OS BENEFÍCIOS DA UTILIZAÇÃO DE PLANTAS MEDICINAIS NO BRASIL

No cenário mundial, a Alemanha foi o primeiro país a adotar as terapias naturais, notadamente a fitoterapia, e é seu maior incentivador. No receituário alemão, os produtos florais chegam a ocupar cerca de 40% das prescrições. Outros países também destacam a fitoterapia e atualmente contribuem com muitos estudos científicos sobre o tema, a saber:

- França;
- Bélgica;
- Suécia;
- Suíça;
- Japão;
- Estados Unidos.

Além dos países citados, não se pode esquecer da China, campeã na utilização de medicamentos naturais. Lá, só se recorre à alopatia quando não se encontra um substituto de tal medicamento na flora chinesa.

Contexto brasileiro

Diante da eficácia e do baixo custo envolvido na utilização de plantas medicinais em programas de atenção primária à saúde, pode-se considerar esse uso como uma integrativa terapêutica muito promissora e importante para países em desenvolvimento, como o Brasil. O país é destaque nesse assunto por possuir um terço da flora mundial, além de a Amazônia ser a maior reserva de produtos naturais com ação fitoterápica do planeta. A facilidade para adquirir plantas medicinais de alto poder terapêutico e a compatibilidade cultural são fatores que favorecem o progresso dessa medicina.

A diversidade cultural brasileira permite que uma mesma planta seja usada em preparações de remédios caseiros para tratar diferentes enfermidades. Além disso, como as plantas medicinais podem ser utilizadas em formulações caseiras, de fácil preparo, seu uso supre a falta de acesso a medicamentos nos serviços de saúde.

MEDICINA TRADICIONAL E MEDICINA COMPLEMENTAR E ALTERNATIVA

Desde a criação do Programa de MT pela OMS, nos anos 1970, a **MT/MCA** e seus produtos, principalmente as plantas medicinais, têm se tornado cada vez mais objeto de políticas públicas nacionais e internacionais.

> **MT:** "[...] conjunto de conhecimentos, habilidades e práticas baseados em teorias, crenças e experiências indígenas de diferentes culturas, explicáveis ou não, utilizadas na manutenção da saúde, tão bem quanto em prevenções, diagnósticos ou tratamentos de doenças físicas e mentais [...]" (ORGANIZAÇÃO MUNDIAL DA SAÚDE, 2008).

> **MCA:** "[...] conjunto de práticas sanitárias de cuidado em saúde que não são tradicionalmente utilizadas ou não estão integradas ao sistema de saúde dominante do país. Em ambos os casos, a prevenção, o diagnóstico e o tratamento de enfermidades físicas e mentais são conduzidos com certa eficácia e legitimidade social." (ORGANIZAÇÃO MUNDIAL DA SAÚDE, 2008).

Características da medicina complementar e alternativa

A MCA, também denominada "medicina natural", "medicina não convencional" e "medicina holística", constitui uma visão da saúde como bem-estar em sua forma ampla, envolvendo uma interação de diversos fatores físicos, sociais, mentais, emocionais e espirituais. O organismo humano é compreendido como um campo de energia, diferentemente da visão biomédica, que prevê o corpo como um conjunto de partes.

Trata-se de uma visão integrativa e sistêmica, que exige uma terapia multidimensional e um esforço multidisciplinar no processo saúde-doença-cura. Assim, é uma "visão do todo", na qual se enfatiza a integração dos cuidados.

Produtos tradicionais

Os produtos (medicamentos) tradicionais fazem parte do extenso campo da MT, juntamente com os procedimentos e os praticantes (detentores do conhecimento). Entre os produtos (recursos terapêuticos), aqueles oriundos de plantas medicinais são os mais amplamente utilizados nas MTs.

A OMS relata que os desafios mais importantes referentes aos produtos tradicionais são os critérios de segurança, eficácia e qualidade, bem como a definição de regulamentação sanitária adequada. Além disso, a situação regulatória e as terminologias (conceitos) associadas variam muito entre os países (ORGANIZAÇÃO MUNDIAL DA SAÚDE, 2008). Assim, dependendo do país, as plantas medicinais e seus derivados (fitoterápicos) podem ser usados das seguintes formas:

> **Importante**
>
> A OMS estimula o desenvolvimento de políticas nacionais de regulamentação para produtos oriundos das práticas tradicionais que contemplem, entre outros, os conceitos de MT/MCA, observando os requisitos de segurança, eficácia, qualidade, uso racional e acesso. Em muitos países, tanto desenvolvidos quanto em desenvolvimento, as práticas e os produtos da MT não são ainda normatizados (ORGANIZAÇÃO MUNDIAL DA SAÚDE, 2008).

- com medicação prescrita ou sem receita;
- como automedicação ou autocuidado;
- como remédio caseiro ou suplemento dietético;
- como alimento para a saúde, funcional ou fitoprotetor.

POLÍTICAS E PROGRAMAS SOBRE MEDICINA TRADICIONAL E MEDICINA COMPLEMENTAR E ALTERNATIVA

Desde a década de 1980, são elaborados documentos que dão ênfase ao uso de fitoterápicos na atenção básica do sistema de saúde pública do Brasil, com os seguintes objetivos:

- melhorar os serviços;
- aumentar as opções terapêuticas;
- acrescentar diferentes abordagens.

Desse pensamento, surgiu a necessidade da criação de uma política de âmbito nacional para o uso das plantas medicinais e dos fitoterápicos. Nesse contexto, a implementação da fitoterapia no SUS representa, além da incorporação de mais uma terapêutica ao arsenal de possibilidades de tratamento à disposição dos profissionais de saúde, o resgate de práticas milenares, em que o conhecimento científico e o conhecimento popular se complementam, assim como seus diferentes entendimentos sobre o adoecimento e as formas de tratá-lo. Como a fitoterapia se embasa nesses dois tipos de conhecimento, aparentemente divergentes, resultam entendimentos diferentes sobre seu uso.

Política Nacional de Práticas Integrativas e Complementares

As práticas integrativas e complementares fazem parte da MT/MCA. A OMS recomenda aos seus Estados-membros a elaboração de políticas nacionais voltadas à integração e à inserção da MT/MCA aos sistemas oficiais de saúde, com foco na atenção primária à saúde. A organização promove eventos e reuniões técnicas com os Estados-membros para formular documentos, discutir estratégias e promover a cooperação entre os países, visando ao desenvolvimento da MT (ORGANIZAÇÃO MUNDIAL DA SAÚDE, 2008).

Na reunião técnica da OMS ocorrida em Genebra, Suíça, de 12 a 14 de junho de 2006, sobre o tema "Integração da MT aos sistemas nacionais de saúde", o Brasil passou a fazer parte do grupo de países que possuem políticas nacionais de MT/MCA, com a aprovação da Política Nacional de Práticas Integrativas e Complementares (PNPIC) no SUS, apresentada nesse evento (BRASIL, 2012).

A Portaria do Ministério da Saúde nº 971, de 3 de maio de 2006, instituiu a PNPIC. Com isso, autorizou o uso de práticas de terapias da MT, da MT chinesa (MTC) e da medicina complementar (MC) no SUS, atendendo à demanda da OMS e da população brasileira, além da necessidade de normatização dessas práticas na rede pública de saúde.

A PNPIC traz diretrizes e ações para a inserção de serviços e produtos relacionados a MTC/acupuntura, homeopatia e plantas medicinais/fitoterapia, assim como de observatórios de saúde do termalismo social e da medicina antroposófica no SUS. Contempla, ainda, responsabilidades dos entes federais, estaduais e municipais. Entre os objetivos da PNPIC estão:

- contribuir para o aumento da resolubilidade no SUS;
- ampliar o acesso às práticas integrativas e complementares;
- garantir qualidade, eficácia, eficiência e segurança no uso das práticas integrativas e complementares;
- promover a racionalização das ações de saúde;
- estimular o uso de alternativas inovadoras e socialmente contributivas ao desenvolvimento sustentável de comunidades.

A aprovação da PNPIC desencadeou o desenvolvimento de políticas, programas e projetos em todas as instâncias governamentais, pela institucionalização dessas práticas no SUS.

Política Nacional de Plantas Medicinais e Fitoterápicos

As plantas medicinais como instrumento de políticas, programas e projetos exigem ações intersetoriais que ultrapassam o setor da saúde, pois englobam a agricultura, o meio ambiente, o desenvolvimento agrário, a indústria e a ciência e tecnologia. Então, durante as discussões para formulação das diretrizes para plantas medicinais e fitoterapia no SUS inseridas na PNPIC, houve a necessidade de construção de uma política nacional que contemplasse o desenvolvimento de toda a cadeia produtiva de plantas medicinais e fitoterápicos.

Na criação de uma política na área de plantas medicinais e fitoterápicos, diversos fatores precisaram ser considerados, como:

> **Saiba mais**
>
> Em 2006, pelo Decreto da Presidência da República n° 5.813, de 22 de junho, foi criada a Política Nacional de Plantas Medicinais e Fitoterápicos, com diretrizes e ações para toda a cadeia produtiva de plantas medicinais e fitoterápicos.

- o potencial e as oportunidades que o Brasil oferece para o crescimento do setor;
- a rica biodiversidade do país;
- a tecnologia para o desenvolvimento de medicamentos a partir da flora brasileira.

A Política Nacional de Plantas Medicinais e Fitoterápicos tem como objetivo geral garantir à população brasileira o acesso seguro e o uso racional de plantas medicinais e fitoterápicos, promovendo o uso sustentável da biodiversidade, bem como o desenvolvimento da cadeia produtiva e da indústria nacional. Os objetivos específicos, por sua vez, estão listados no Quadro 11.1.

QUADRO 11.1
Objetivos específicos da Política Nacional de Plantas Medicinais e Fitoterápicos.

Ampliar as opções terapêuticas aos usuários, com garantia de acesso a plantas medicinais, fitoterápicos e serviços relacionados à fitoterapia, com segurança, eficácia e qualidade, na perspectiva da integralidade da atenção à saúde, considerando o conhecimento tradicional sobre plantas medicinais.
Construir o marco regulatório para produção, distribuição e uso de plantas medicinais e fitoterápicos a partir dos modelos e experiências existentes no Brasil e em outros países.
Promover pesquisa e desenvolvimento de tecnologias e inovações em plantas medicinais e fitoterápicos nas diversas fases da cadeia produtiva.
Promover o desenvolvimento sustentável das cadeias produtivas de plantas medicinais e fitoterápicos e o fortalecimento da indústria farmacêutica nacional nesse campo.
Promover o uso sustentável da biodiversidade e a repartição dos benefícios decorrentes do acesso aos recursos genéticos de plantas medicinais e ao conhecimento tradicional associado.

Fonte: Brasil (2006).

Programa Nacional de Plantas Medicinais e Fitoterápicos

O Programa Nacional de Plantas Medicinais e Fitoterápicos foi aprovado por meio da Portaria Interministerial n° 2.960, de 9 de dezembro de 2008, que também criou o Comitê Nacional de Plantas Medicinais e Fitoterápicos, com representantes de órgãos governamentais e não governamentais de todos os biomas brasileiros.

O Programa Nacional de Plantas Medicinais e Fitoterápicos, em conformidade com as diretrizes da Política Nacional de Plantas Medicinais e Fitoterápicos e da PNPIC, traz ações, gestores, órgãos envolvidos, prazos e origem dos recursos, com abrangência de toda a cadeia produtiva. O objetivo do programa envolve os seguintes aspectos:

- respeitar os princípios de segurança e eficácia na saúde pública;
- conciliar desenvolvimento socioeconômico e conservação ambiental, tanto no âmbito local quanto em escala nacional;
- respeitar as diversidades e particularidades regionais e ambientais.

Iniciativas atuais

Sobre a inserção das plantas medicinais e fitoterápicos e o desenvolvimento do serviço no SUS, estão em destaque algumas ações (Quadro 11.2).

QUADRO 11.2
Ações em foco referentes à inserção de plantas medicinais e fitoterápicos no Sistema Único de Saúde.

Estruturar e fortalecer a atenção em fitoterapia, a participação e a corresponsabilização com as equipes de Saúde da Família, com ênfase na atenção básica, por meio de ações de prevenção de doenças e de promoção e recuperação da saúde.
Estabelecer critérios técnicos para o uso de plantas medicinais e fitoterápicos, em todos os níveis de complexidade, para garantir a oferta de serviços seguros, efetivos e de qualidade.
Apoiar técnica ou financeiramente projetos de qualificação de profissionais que atuem: ■ na área de informação, comunicação e educação popular;   ■ na Estratégia de Saúde da Família;   ■ como agentes comunitários de saúde.
Estabelecer intercâmbio técnico-científico e cooperação técnica, visando ao conhecimento e à troca de informações decorrentes das experiências no campo de atenção à saúde, formação, educação permanente e pesquisa, com unidades federativas e países onde a fitoterapia esteja integrada ao serviço público de saúde.

Desde a criação da Política Nacional de Plantas Medicinais e Fitoterápicos, em 2006, ocorreram muitas ações no sentido de sua implementação. Diversos estados e municípios brasileiros criaram políticas locais para esse fim. Além disso, diversos serviços de saúde passaram a oferecer esse tipo de tratamento, e o número de profissionais que utilizam a fitoterapia no tratamento de seus pacientes tem aumentado com esse incentivo.

A fitoterapia tem sido inserida em muitos cursos de graduação da área da saúde, e programas de pós-graduação já têm linhas de pesquisa sobre plantas medicinais. Contudo, esse crescimento ainda não é suficiente para torná-la uma prática frequente nos serviços de saúde. Várias dificuldades evitam que o potencial da fitoterapia como tratamento alternativo e complementar seja explorado, o que seria um benefício e um avanço para a saúde da população, para o SUS e para o Brasil.

ATIVIDADES

1. Cite três problemas relacionados ao uso de plantas medicinais sem conhecimento prévio e orientação de profissionais.
2. Sobre o uso de plantas medicinais no mundo, assinale **V** (verdadeiro) ou **F** (falso).

   ( ) O Brasil, como país em desenvolvimento, tem muito a se beneficiar da utilização de plantas medicinais, devido à sua eficácia e seu baixo custo.

   ( ) Na China, só se recorre a medicamentos naturais quando não se encontra um medicamento alopático correspondente.

   ( ) A França foi o primeiro país a adotar a fitoterapia e é seu maior incentivador.

   ( ) O fato de as plantas medicinais poderem ser usadas em formulações caseiras e de fácil preparo compensa a falta de acesso a medicamentos nos serviços de saúde brasileiros.

   Assinale a alternativa que apresenta a sequência correta.

   (A) V – F – F – V
   (B) V – F – V – F
   (C) F – V – V – F
   (D) F – V – F – V

3. Observe os outros termos utilizados para designar a MCA.

   I Medicina convencional.
   II Medicina natural.
   III Medicina holística.

   Quais estão corretos?

   (A) Apenas I e II.
   (B) Apenas I e III.
   (C) Apenas II e III.
   (D) Todos estão corretos.

4. Com relação às políticas e aos programas sobre MT/MCA, assinale a alternativa correta.

   (A) A Portaria que aprovou a PNPIC também criou o Comitê Nacional de Plantas Medicinais e Fitoterápicos.
   (B) A PNPIC traz diretrizes e ações para a inserção de serviços e produtos relacionados a MTC/acupuntura, homeopatia e plantas medicinais/fitoterapia.
   (C) As diretrizes e ações da Política Nacional de Plantas Medicinais e Fitoterápicos se concentram no setor da saúde.
   (D) A aprovação do Programa Nacional de Plantas Medicinais e Fitoterápicos desencadeou o desenvolvimento de políticas, programas e projetos em todas as instâncias governamentais, pela institucionalização das práticas tradicionais no SUS.

5. Liste dois objetivos específicos da Política Nacional de Plantas Medicinais e Fitoterápicos.

REFERÊNCIAS

BRASIL. *Decreto nº 5.813, de 22 de junho de 2006*. Aprova a Política Nacional de Plantas Medicinais e Fitoterápicos e dá outras providências. Brasília: Presidência da República, 2006. Disponível em: <https://www.planalto.gov.br/ccivil_03/_Ato2004-2006/2006/Decreto/D5813.htm>. Acesso em: 13 abr. 2017.

BRASIL. Ministério da Saúde. Política Nacional de Práticas Integrativas e Complementares em Saúde. *Portal da Saúde SUS*, 2012. Disponível em: <http://dab.saude.gov.br/portaldab/pnpic.php>. Acesso em: 13 abr. 2017.

BRASIL. Ministério da Saúde. *Portaria Interministerial nº 2.960, de 9 de dezembro de 2008*. Aprova o Programa Nacional de Plantas Medicinais e Fitoterápicos e cria o Comitê Nacional de Plantas Medicinais e Fitoterápicos. Disponível em: <http://189.28.128.100/dab/docs/legislacao/portaria2960_09_12_08.pdf>. Acesso em: 13 abr. 2017.

BRASIL. Ministério da Saúde. *Portaria nº 971, de 03 de maio de 2006*. Aprova a Política Nacional de Práticas Integrativas e Complementares (PNPIC) no Sistema Único de Saúde. Brasília: MS, 2006. Disponível em: < http://bvsms.saude.gov.br/bvs/saudelegis/gm/2006/prt0971_03_05_2006.html>. Acesso em: 18 abr. 2017.

ORGANIZAÇÃO MUNDIAL DE SAÚDE. Traditional medicine: definitions. Geneva: OMS, 2008. Disponível em: <http://www.who.int/medicines/areas/traditional/definitions/en/>. Acessado em: 6 nov. 2015.

LEITURAS RECOMENDADAS

BRASIL. Ministério da Saúde. Secretaria de Ciência, Tecnologia e Insumos Estratégicos. Departamento de Assistência Farmacêutica. *A fitoterapia no SUS e o Programa de Pesquisa de Plantas Medicinais da Central de Medicamentos*. Brasília: MS, 2006. (Série B. Textos Básicos de Saúde.)

BRASIL. Ministério da Saúde. Secretaria Executiva. Secretaria de Atenção à Saúde. Secretaria de Ciência, Tecnologia e Insumos Estratégicos. *Política Nacional de Práticas Integrativas e Complementares no SUS, PNPIC, SUS*. Brasília: MS, 2006. (Série B. Textos Básicos de Saúde.)

BRASIL. Ministério da Saúde. Secretaria de Ciência, Tecnologia e Insumos Estratégicos. Departamento de Assistência Farmacêutica. *Política Nacional de Plantas Medicinais e Fitoterápicos*. Brasília: MS, 2006c. (Série B. Textos Básicos de Saúde)

BRASIL. Ministério da Saúde (MS). Secretaria de Atenção à Saúde. Departamento de Atenção Básica. *Práticas integrativas e complementares: plantas medicinais e fitoterapia na Atenção Básica*. Brasília: MS, 2012. (Série A. Normas e Manuais Técnicos, Cadernos de Atenção Básica, n. 31.)

12
DESENVOLVIMENTO, PRODUÇÃO E CONTROLE DE QUALIDADE DE FITOTERÁPICOS

Clara Lia Costa Brandelli
Tatiana Diehl Zen

Objetivos de aprendizagem

- Explicar a importância da *Farmacopeia Brasileira* para a padronização dos procedimentos relativos ao desenvolvimento de fitoterápicos.
- Listar os principais aspectos referentes ao desenvolvimento, à produção e ao controle de qualidade de fitoterápicos.
- Reconhecer produtos tradicionais fitoterápicos.
- Diferenciar as principais formas farmacêuticas utilizadas em fitoterapia.
- Citar as principais técnicas de extração de drogas vegetais.
- Identificar as especificações da Organização Mundial da Saúde (OMS) para materiais de origem vegetal.

INTRODUÇÃO

Como já foi visto, desde a Antiguidade as plantas são utilizadas com fins medicinais, para tratar de males que atingem nosso organismo. Muitos relatos de uso dessas plantas são de antes de Cristo e foram passados de geração a geração, até chegarem à atualidade. E quando se fala em atualidade, é preciso considerar critérios para a seleção, o desenvolvimento, a produção e o controle de qualidade desses **medicamentos**.

▶ *Definição*

Medicamentos: produtos farmacêuticos, tecnicamente obtidos ou elaborados, com finalidade profilática, curativa, paliativa ou diagnóstica.

FIGURA 12.1
Muitas plantas servem de matéria-prima para a produção de medicamentos.
Fonte: Olga Miltsova/Shutterstock.com.

A maioria dos medicamentos teve (e tem) origem em estudos desenvolvidos a partir da cultura popular. Como dito no Capítulo 1, no início do século XX, a medicina alopática ainda tinha as plantas como principais fontes de matéria-prima.

Com o passar dos anos, foi necessário sistematizar os procedimentos, para avaliar a segurança e a eficácia dos medicamentos fitoterápicos. Nesse contexto, foi criada a *Farmacopeia Britânica de Plantas*, em 1926, e, há alguns anos, foi publicada a *Farmacopeia Brasileira*, 5. ed. (AGÊNCIA NACIONAL DE VIGILÂNCIA SANITÁRIA, 2011). Ambas orientam quanto às práticas mais adequadas na elaboração, na produção e no controle de qualidade dos medicamentos em geral.

Neste capítulo, serão discutidos aspectos sobre o desenvolvimento, a produção e o controle de qualidade de fitoterápicos, com ênfase no cenário brasileiro.

FARMACOPEIA BRASILEIRA

Quando se fala em diversidade na natureza, o Brasil sempre é lembrado. Por sua imensa biodiversidade, muitas empresas multinacionais vêm realizar pesquisas com essa que é a maior riqueza do país. Tais pesquisas têm o objetivo de identificar novas plantas com efeitos benéficos ao organismo humano e animal, pois o Brasil detém entre 15 e 20% do total mundial de biodiversidade, destacando-se as plantas superiores, com aproximadamente 24%.

Com frequência, documentários mostram vilarejos distantes dos grandes centros, muitas vezes sem acesso à tecnologia e à informação. Surpreendentemente, os nativos desses locais conhecem as plantas da região e seus "poderes" curadores de enfermidades. Por isso, esses lugares estão tendo grande importância para a descoberta de novas utilizações de plantas como fitoterápicos. Contudo, para tais usos, são necessários estudos que descre-

> **Saiba mais**
>
> A *Farmacopeia Brasileira* é o código oficial farmacêutico do Brasil. Nela, estão descritos os critérios de qualidade dos medicamentos em uso, tanto manipulados quanto industrializados, compondo o conjunto de normas e monografias de farmacoquímicos estabelecido para o país (AGÊNCIA NACIONAL DE VIGILÂNCIA SANITÁRIA, 2011).

vam dados de farmacocinética e farmacodinâmica dos princípios ativos dessas plantas, a fim de evitar seu uso inadequado.

Como integrante da Comissão da Farmacopeia Brasileira, o Comitê Técnico Temático de Apoio a Política de Plantas Medicinais e Fitoterápicos foi instituído para apoiar a implantação e a implementação da Política Nacional de Plantas Medicinais e Fitoterápicos. Como visto no Capítulo 12, essa Política é destinada a garantir, aos usuários do Sistema Único de Saúde (SUS), fitoterápicos segundo a legislação vigente. Portanto, coube a esse Comitê a elaboração do *Formulário de Fitoterápicos da Farmacopeia Brasileira*, 1. ed., que dá suporte às práticas de manipulação e dispensação de fitoterápicos nos programas de fitoterapia no SUS (AGÊNCIA NACIONAL DE VIGILÂNCIA SANITÁRIA, 2011).

DESENVOLVIMENTO DE FITOTERÁPICOS

A primeira etapa para o desenvolvimento de um fitoterápico é a realização de uma excelente revisão na literatura (científica e popular) sobre o vegetal a ser utilizado. Nessa revisão, devem constar os aspectos a seguir:

- características botânicas;
- propriedades químicas e farmacológicas;
- casos de intoxicação ou alergias (quando descritos).

No Brasil, como visto no Capítulo 12, o Decreto nº 5.813, de 22 de junho de 2006, aprovou a Política Nacional de Plantas Medicinais e Fitoterápicos. Essa Política estabelece as diretrizes e as linhas prioritárias para o desenvolvimento de ações, por diversos parceiros, em torno de objetivos comuns, voltados aos seguintes aspectos:

- garantia do acesso seguro e do uso racional de plantas medicinais e fitoterápicos no Brasil;
- desenvolvimento de tecnologias e inovações;
- fortalecimento das cadeias e dos arranjos produtivos;
- uso sustentável da biodiversidade brasileira;
- desenvolvimento do Complexo Produtivo da Saúde.

Segundo a Agência Nacional de Vigilância Sanitária (Anvisa), "fitoterápico" é definido da seguinte forma,

> [...] medicamento obtido empregando-se exclusivamente matérias-primas ativas vegetais. É caracterizado pelo conhecimento da eficácia e dos riscos de seu uso, assim como pela reprodutibilidade e constância de sua qualidade.

Sua eficácia e segurança é validada através de levantamentos etnofarmacológicos* de utilização, documentações tecnocientíficas em publicações ou ensaios clínicos fase 3. Não se considera medicamento fitoterápico aquele que, na sua composição, inclua substâncias ativas isoladas, de qualquer origem, nem as associações destas com extratos vegetais. (AGÊNCIA NACIONAL DE VIGILÂNCIA SANITÁRIA, 2004).

Por meio de informações fornecidas pelas indústrias, o tempo entre as pesquisas para um novo medicamento fitoterápico e seu registro pode ser de até 20 anos, pois estudos pré-clínicos e clínicos são necessários. Todavia, quando existem informações referentes ao uso da medicina popular, esse tempo pode ser consideravelmente reduzido.

> **Importante**
>
> Além do tempo necessário para o desenvolvimento de um fitomedicamento, deve-se considerar os custos para isso, que são tão elevados quanto os relativos aos medicamentos alopáticos. Assim, os países desenvolvidos são os que mais investem na pesquisa e no desenvolvimento; no Brasil, esse tipo de investimento é restrito a algumas empresas.

Produtos tradicionais fitoterápicos

É importante lembrar que existem alguns produtos que não são medicamentos, mas são de origem vegetal e entram na classificação de fitoterápicos, por exemplo:

- gel de *Aloe vera*;
- sabonetes;
- xaropes;
- tinturas.

A Anvisa, por meio da RDC nº 13, de 14 de março de 2013, que dispõe sobre as boas práticas de fabricação de produtos tradicionais fitoterápicos, classifica-os como "produtos tradicionais fitoterápicos", que são aqueles "obtidos com emprego exclusivo de matérias-primas ativas vegetais, cuja segurança seja baseada por meio da tradicionalidade de uso e que seja caracterizado pela reprodutibilidade e constância de sua qualidade".

> **Reflexão**
>
> Por ser 100% de origem vegetal, pode-se dizer que o fitoterápico não causa efeito colateral?

Efeitos colaterais

Todo fármaco pode causar efeito colateral, considerando-se o conceito estabelecido pela OMS: qualquer efeito não intencional de um produto farmacêutico que ocorra em doses normalmente utilizadas em seres humanos que esteja relacionado com as propriedades farmacológicas do fármaco (ORGANIZAÇÃO MUNDIAL DA SAÚDE, 2004). Um exemplo de fitoterápico com efeito colateral é o *Hypericum perforatum* (Figura 12.2), que pode causar fotossensibilidade no indivíduo.

---

*Etnofarmacologia, conforme o Capítulo 2, é o estudo da utilização de plantas por diferentes culturas (LEITE, 2009).

FIGURA 12.2
Hypericum perforatum.
Fonte: Alexander Raths/Shutterstock.com.

Assim, ao desenvolver um fitoterápico, deve-se pensar em seus efeitos tóxicos e farmacológicos, e isso deve ser comprovado cientificamente, e não empiricamente (i.e., por conhecimento popular). Não se pode pensar que, por ser de origem vegetal, o fitoterápico não trará nenhum prejuízo à saúde. Testes toxicológicos e farmacológicos são necessários para garantir a eficácia e a segurança.

Formas farmacêuticas utilizadas em fitoterapia

Para o desenvolvimento de fitoterápicos, também se deve dar importância à forma farmacêutica e à via de administração. Com isso, visa-se garantir o sucesso terapêutico. Diversas formas farmacêuticas são utilizadas, porém, sobressaem-se aquelas para uso oral, por exemplo:

- tinturas;
- extratos fluidos;
- infusões;
- decocções;
- macerações frias;
- extratos secos;
- extratos hidroglicólicos;
- pós;
- cápsulas;
- comprimidos.

Além dessas, pode-se citar, entre outras formas:

- géis;
- pomadas;
- unguentos;
- emplastos.

O Quadro 12.1 apresenta as definições e outras características de algumas formas farmacêuticas utilizadas em fitoterápicos, de acordo com o *Formulário de Fitoterápicos da Farmacopeia Brasileira*, 1. ed., componente da *Farmacopeia Brasileira*, 5. ed. (AGÊNCIA NACIONAL DE VIGILÂNCIA SANITÁRIA, 2011).

QUADRO 12.1
Formas farmacêuticas utilizadas em fitoterapia.

Tintura	■ É a preparação alcoólica ou hidroalcoólica resultante da extração de drogas vegetais ou animais ou da diluição dos respectivos extratos.
	■ É classificada em simples e composta, conforme preparação com uma ou mais matérias-primas.
	■ A menos que indicado de maneira diferente na monografia individual, 10 mL de tintura simples correspondem a 1g de droga seca.
Extrato fluido	■ É a preparação líquida obtida de drogas vegetais ou animais por extração com líquido apropriado ou por dissolução do extrato seco correspondente.
	■ Exceto quando indicado de maneira diferente, uma parte do extrato, em massa ou volume, corresponde a uma parte, em massa, da droga seca utilizada na sua preparação.
	■ Se necessário, pode ser padronizado em termos de concentração do solvente, teor de constituintes ou resíduo seco.
	■ Se necessário, podem ser adicionados conservantes inibidores do crescimento microbiano.
	■ Deve apresentar teores de princípios ativos e resíduos secos prescritos nas respectivas monografias.
	■ Sua abreviatura é "ext. flu.".
Extrato seco	■ É a preparação sólida obtida pela evaporação do solvente utilizado em sua preparação.
	■ Apresenta, no mínimo, 95% de resíduo seco.
Extrato hidroglicólico	■ Contém frações aromáticas intactas (óleos essenciais) e hidrossolúveis de maneira perfeitamente assimilável.
	■ Apresenta concentração próxima a 50% do peso da planta fresca.
Infusão	■ É a preparação que consiste em verter água fervente sobre a droga vegetal e, em seguida, tampar ou abafar o recipiente por tempo determinado.
	■ É o método indicado para partes de drogas vegetais de consistência menos rígida, como folhas, flores, inflorescências e frutos, ou que contenham substâncias ativas voláteis.
Decocção	■ É a preparação que consiste na ebulição da droga vegetal em água potável por tempo determinado.
	■ É o método indicado para partes de drogas vegetais com consistência rígida, como cascas, raízes, rizomas, caules, sementes e folhas coriáceas.
Maceração	■ É o processo que consiste em manter a droga, convenientemente pulverizada, nas proporções indicadas na fórmula, em contato com o líquido extrator, com agitação diária, por no mínimo, 7 dias consecutivos.
	■ Deve-se utilizar um recipiente âmbar ou qualquer outro que não permita contato com a luz, bem fechado, em lugar pouco iluminado, à temperatura ambiente.

(Continua)

QUADRO 12.1
Formas farmacêuticas utilizadas em fitoterapia. (*Continuação*)

Maceração com água	■ Após o tempo de maceração, deve-se verter a mistura em um filtro e lavar aos poucos o resíduo restante no filtro com quantidade suficiente (q.s.) do líquido extrator, para obter o volume inicial indicado na fórmula. ■ É a preparação que consiste no contato da droga vegetal com a água, à temperatura ambiente, por um tempo determinado para cada droga vegetal. ■ É o método indicado para drogas vegetais que possuam substâncias que se degradam com o aquecimento.
Xarope	■ É a forma farmacêutica aquosa, caracterizada pela alta viscosidade, que apresenta, no mínimo, 45% (p/p) de sacarose ou outros açúcares em sua composição. ■ Em geral, contém agentes flavorizantes. ■ Quando não se destina ao consumo imediato, deve-se adicionar conservadores antimicrobianos autorizados.
Pó	■ É a forma farmacêutica sólida que contém um ou mais princípios ativos secos e possui tamanho de partícula reduzido, com ou sem excipientes.
Cápsula	■ É a forma farmacêutica sólida na qual o princípio ativo e/ou os excipientes estão contidos em um invólucro solúvel duro ou mole, de formatos e tamanhos variados, usualmente com uma dose única do princípio ativo. ■ Normalmente, é formada de gelatina, mas pode também ser de amido ou de outras substâncias.
Comprimido	■ É a forma farmacêutica sólida contendo uma dose única de um ou mais princípios ativos, com ou sem excipientes, obtida pela compressão de volumes uniformes de partículas. ■ Pode ser de uma ampla variedade de tamanhos, formatos, apresentar marcações na superfície e ser revestido ou não.
Creme	■ É a forma farmacêutica semissólida que consiste em uma emulsão, formada por uma fase lipofílica e uma fase aquosa. ■ Contém um ou mais princípios ativos dissolvidos ou dispersos em uma base apropriada. ■ É utilizado normalmente para aplicação externa na pele ou nas membranas mucosas.
Gel	■ É a forma farmacêutica semissólida de um ou mais princípios ativos que contém um agente gelificante para fornecer firmeza a uma solução ou dispersão coloidal (um sistema no qual partículas de dimensão coloidal – geralmente entre 1 nm e 1 μm – são distribuídas geralmente através do líquido). ■ Pode conter partículas suspensas.
Pomada	■ É a forma farmacêutica semissólida, para aplicação na pele ou em membranas mucosas, que consiste na solução ou dispersão de um ou mais princípios ativos em baixas proporções em uma base adequada, geralmente não aquosa.
Emplasto	■ É a forma farmacêutica semissólida para aplicação externa. ■ Consiste em uma base adesiva contendo um ou mais princípios ativos distribuídos, em uma camada uniforme, em um suporte apropriado feito de material sintético ou natural. ■ Destina-se a manter o princípio ativo em contato com a pele, de forma que ele seja absorvido devagar e atue como protetor ou como agente queratolítico.

Fonte: Agência Nacional de Vigilância Sanitária (2011).

> **Reflexão**
> Chás são fitoterápicos?

No Brasil, os chás são classificados como alimentos, mesmo que apresentem propriedades curadoras, pois não apresentam indicações terapêuticas definidas.

FIGURA 12.3
Chá em infusão.
Fonte: Giedre Vaitekune/Shutterstock.com.

PRODUÇÃO DE FITOTERÁPICOS

Os fitoterápicos podem ser produzidos em nível industrial ou em nível de farmácias de manipulação. Em ambos os casos, deve-se aplicar as boas práticas de fabricação e boas práticas de manipulação. A diferença é que a indústria produz em grande escala, ao passo que a farmácia de manipulação produz o medicamento de maneira individualizada.

Independentemente de em qual escala será realizada a produção, primeiro é necessário preparar os extratos, que podem ser líquidos ou sólidos. A seguir, são citadas as principais técnicas de extração das drogas vegetais.

- Infusão – é utilizada para plantas ou drogas contendo substâncias voláteis ou termolábeis. Os chás, por exemplo, são preparados com essa técnica.
- Decocção – é usada para plantas com princípios ativos de difícil extração.
- Maceração – Não leva ao esgotamento total da droga vegetal, devido à saturação do líquido extrator e/ou ao estabelecimento de um equilíbrio entre o solvente e o interior da célula (VOIGT, 2005). Por meio desta técnica, produz-se a tintura.
- Digestão – é um processo semelhante à maceração, exceto pelo fato de a droga vegetal ficar em contato com o solvente, a uma temperatura entre 40 e 60°C.
- Percolação – após ser macerado, o vegetal é colocado em um percolador com solvente, que realiza a extração até o esgotamento dos ativos.

> **Importante**
> É necessário padronizar os extratos, com a finalidade de determinar o teor do(s) constituinte(s), auxiliando no seu controle de qualidade. Dessa maneira, os efeitos (segurança e eficácia) dos extratos vegetais podem ser reproduzidos.

- Turbólise – é um processo em que as partes do vegetal são trituradas em um turbolizador.
- Extração por contracorrente – nesta técnica, a droga é extraída por um solvente que se movimenta no sentido contrário ao da matéria-prima.

CONTROLE DE QUALIDADE DE FITOTERÁPICOS

Como garantir que o fitomedicamento é tão eficaz quanto os medicamentos sintetizados em laboratório? É preciso assegurar, inicialmente, a integridade química dos princípios ativos, bem como a ação farmacológica do vegetal. Para isso, são necessários estudos prévios relativos aos seguintes aspectos (KLEIN et al., 2009):

- botânicos;
- agronômicos;
- fitoquímicos;
- farmacológicos;
- toxicológicos;
- de desenvolvimento de metodologias analíticas.

FIGURA 12.4
Assim como os medicamentos alopáticos, os fitoterápicos precisam passar por um controle de qualidade.
Fonte: beboy/Shutterstock.com.

Alguns testes de controle de qualidade avaliam as características físicas, químicas e microbiológicas das matérias-primas, das embalagens e do produto acabado. Deve-se controlar desde o cultivo até a dispensação do medicamento, com padronização de todas as etapas conforme o vegetal de interesse.

A eficácia do fitomedicamento é comprovada mediante ensaios farmacológicos pré-clínicos e clínicos e seus efeitos biológicos descritos. Já a segurança é determinada pelos ensaios que comprovam a ausência de efeitos tóxicos, bem como a inexistência de contaminantes nocivos à saúde (metais pesados, agrotóxicos, microrganismos e seus produtos de degradação; BRASIL, 2007).

O Quadro 12.2 apresenta as especificações recomendadas pela OMS para materiais de origem vegetal.

QUADRO 12.2
Especificações da OMS para materiais de origem vegetal.

Nome botânico completo
Dados sobre a coleta
Especificação da parte utilizada
Caracteres macro e microscópicos
Testes de identificação da droga
Dosagem dos constituintes ativos ou marcadores
Método para determinação de pesticidas e limites aceitáveis
Testes-limite para metais tóxicos e limites para substâncias adulterantes
Testes para detectar contaminação microbiana

Para cada especificação mencionada no Quadro 12.2, existe um procedimento já padronizado para sua execução e garantia dos resultados. Esse procedimento está sujeito à análise do devido órgão regulatório – a Anvisa, no caso do Brasil.

A RDC nº 48, de 16 de março de 2004, estabelece a legislação específica para a garantia da qualidade de fitoterápicos, determinando a reprodutibilidade dos parâmetros aceitáveis para o controle físico-químico, químico e microbiológico dos fitoterápicos produzidos no Brasil.

Para finalizar, está preconizado na legislação que um medicamento fitoterápico precisa suprir os requisitos de comprovação da eficácia terapêutica, da qualidade (da matéria-prima até o produto final), além de estudos de toxicidade para definir o grau de risco do produto, conforme descrito no documento Estrutura de Mercado do Segmento de Fitoterápicos no Contexto Atual da Indústria Farmacêutica Brasileira (BRASIL, 2007). Seja oriundo de vegetais ou não, para um medicamento estar no mercado é importante que ele esteja devidamente registrado. Assim, a população pode tranquilizar-se quanto aos testes exigidos para sua utilização em seres humanos.

ATIVIDADES

1. De que forma o *Formulário de Fitoterápicos* complementa a *Farmacopeia Brasileira*? Explique a relação entre esses dois documentos.
2. Sobre o desenvolvimento de fitoterápicos, assinale a alternativa correta.
    (A) O tempo entre as pesquisas para um novo medicamento fitoterápico e seu registro costuma ser aproximadamente o mesmo quando há e quando não há informações sobre o uso da medicina popular.
    (B) Todos os produtos classificados como fitoterápicos são considerados medicamentos.
    (C) Os efeitos tóxicos e farmacológicos dos fitoterápicos devem ter comprovação científica, e não empírica.
    (D) O uso tópico é o mais disseminado no que se refere a fitoterápicos; poucos medicamentos dessa classificação são administrados por via oral.

3. Observe as afirmativas sobre o extrato fluido.

   I   Pode ser padronizado em termos de teor de constituintes.

   II Apresenta, no mínimo, 95% de resíduo seco.

   III Se necessário, pode-se acrescentar conservantes inibidores do crescimento microbiano.

   Quais estão corretas?

   (A) Apenas as afirmativas I e II.

   (B) Apenas as afirmativas I e III.

   (C) Apenas as afirmativas II e III.

   (D) Todas estão corretas.

4. Em qual das técnicas de extração a seguir a droga vegetal ficar em contato com o solvente, a uma temperatura entre 40 e 60°?

   (A) Infusão.

   (B) Decocção.

   (C) Maceração.

   (D) Digestão.

5. Como se pode comprovar a segurança e a eficácia dos medicamentos fitoterápicos?

REFERÊNCIAS

AGÊNCIA NACIONAL DE VIGILÂNCIA SANITÁRIA. *Formulário de fitoterápicos da farmacopeia brasileira*. Brasília: ANVISA, 2011. Disponível em: <http://www.anvisa.gov.br/hotsite/farmacopeiabrasileira/conteudo/Formulario_de_Fitoterapicos_da_Farmacopeia_Brasileira.pdf>. Acesso em: 04 jul. 2016.

AGÊNCIA NACIONAL DE VIGILÂNCIA SANITÁRIA. *Resolução nº 13, de 14 de março de 2013*. Dispõe sobre as boas práticas de fabricação de produtos tradicionais fitoterápicos. Brasília: ANVISA, 2013.

AGÊNCIA NACIONAL DE VIGILÂNCIA SANITÁRIA. *Resolução nº 48, de 16 de março de 2004*. Dispõe sobre o registro de medicamentos fitoterápicos. Brasília: ANVISA, 2004. Disponível em: <https://www.diariodasleis.com.br/busca/exibelink.php?numlink=1-9-34-2004-03-16-48>. Acesso em: 13 abr. 2017.

BRASIL. *Decreto nº 5.813, de 22 de junho de 2006. Aprova a política nacional de plantas medicinais e fitoterápico e dá outras providências*. Brasília: MS, 2006.

BRASIL. Ministério da Saúde. *Estrutura de mercado do segmento de fitoterápicos no contexto atual da indústria farmacêutica brasileira*. Brasília: MS, 2007.

KLEIN, T. et al. Fitoterápicos: um mercado promissor. *Revista de Ciência Farmacêutica Aplicada*, v. 30, n. 3, p. 241-248, 2009.

LEITE, J. P. V. *Fitoterapia: bases científicas e tecnológicas*. São Paulo: Atheneu, 2009.

ORGANIZAÇÃO MUNDIAL DA SAÚDE. *Segurança dos medicamentos*: um guia para detectar e notificar reações adversas a medicamentos. Brasília: OMS, 2004. Disponível em: <http://www.cvs.saude.sp.gov.br/zip/Seguranca%20dos%20medicamento.pdf>. Acesso em: 27 abr. 2017.

VOIGT, R. *Pharmazeutische Technologie*. 9. ed. Stuttgart: Deutsch Apotheker, 2005.

RESOLUÇÃO – RDC Nº 13, DE 14 DE MARÇO DE 2013. Dispõe sobre as Boas Práticas de Fabricação de Produtos Tradicionais Fitoterápicos.

13

PLANTAS TÓXICAS

Clara Lia Costa Brandelli
Flávia Gontijo de Lima

Objetivos de aprendizagem

- Discutir a importância de reconhecer os efeitos tóxicos das plantas medicinais e dos fitoterápicos.
- Relacionar determinados metabólitos secundários a seus respectivos efeitos tóxicos.
- Identificar as vias pelas quais os princípios tóxicos podem entrar na cadeia alimentar humana.
- Listar os fatores que podem influenciar a toxidez de uma planta.

INTRODUÇÃO

O emprego de vegetais como alimento, medicamento ou cosmético se perde na história do homem na face da Terra. Estudos de arqueologia demonstram que há mais de 3 mil anos as ervas já eram utilizadas para esses fins. A fitoterapia, ou terapia pelas plantas, era conhecida e praticada pelas civilizações antigas. Nos dias de hoje, em todos os países, as plantas medicinais ainda são usadas, tanto como matérias-primas para a produção industrial quanto como compostos fitoterápicos para o tratamento de diversas enfermidades.

A partir do fim do século XX, as plantas medicinais começaram a ser vinculadas, sobretudo pela mídia, a um modo alternativo de vida, sendo elaboradas para atender às exigências do novo consumismo direcionado a um estilo de vida "natural". Com isso, o mercado passou a criar uma fisionomia "não agressora" das plantas medicinais e buscou anular os possíveis riscos de sua administração, transferindo para o usuário toda a autonomia e a responsabilidade pelo consumo.

Nesse contexto, o grande mito que se enfrenta atualmente é a ideia de que, se um produto é natural, ele não apresenta efeitos adversos. Trata-se de um conceito popular equivocado a respeito das plantas medicinais, visto que diversas pesquisas indicam que essas plantas não são desprovidas de toxicidade e que efeitos adversos graves podem ocorrer.

> **Saiba mais**
>
> O Ministério da Saúde elaborou a Relação Nacional de Plantas Medicinais de Interesse ao SUS (Renisus). Entretanto, muitas espécies de plantas ou gêneros contidos nessa lista são documentados como tóxicos. O *Equisetum arvense* (cavalinha), por exemplo, é usado como diurético, porém possui como princípio tóxico uma enzima tiaminase com efeito antagonista da vitamina B1, levando a perturbações neurológicas (BRASIL, 2009).

Neste capítulo, serão apresentados os principais efeitos tóxicos que podem ser ocasionados por metabólitos secundários de plantas. Além disso, serão abordados os fatores que alteram a toxidez dos vegetais.

TOXIDEZ DAS PLANTAS

No ambiente terrestre, estima-se que haja cerca de 298 mil espécies no reino Plantae e 7.700.000 no reino Animalia. Apesar do número desproporcional de espécies predadoras de plantas, estas conseguiram sobreviver ao longo da evolução. Isso se deveu ao desenvolvimento de defesas contra o predatismo, sobretudo defesas químicas, a partir da produção de metabólitos secundários tóxicos contra os predadores. Como visto no Capítulo 5, os metabólitos secundários não são essenciais para a vida da planta, mas garantem sua sobrevivência no ambiente.

Classificação

O Quadro 13.1 apresenta as toxinas de plantas de acordo com a sua estrutura química e os seus respectivos efeitos tóxicos.

QUADRO 13.1
Classificação das toxinas de plantas segundo a sua estrutura química e os seus efeitos tóxicos.

Alcaloides	
Piperidínicos	Perturbações neurológicas
Piridínicos	
Indólicos	
Quinolínicos	
Isoquinolínicos	
Indolizidínicos	
Tropânicos	
Amínicos	
Pirrolizidínicos	Hepatotoxicidade
	Carcinogênese
	Mutagênese
Glicosídeos	
Cianogênicos	Convulsões
	Parada respiratória
	Morte súbita

(Continua)

QUADRO 13.1
Classificação das toxinas de plantas segundo a sua estrutura química e os seus efeitos tóxicos. (*Continuação*)

Glicosídeos	
Cardiotóxicos	Arritmias cardíacas que podem levar à morte
Terpênicos (sesquiterpenos, diterpenos e saponinas esteroides e triterpênicas)	Hepatotoxicidade
	Perturbações neurológicas
	Carcinogênese
	Atividade abortiva
Calcinogênicos	Mineralização sistêmica (calcinose)
Cumarínicos	Hemorragias que podem levar à morte
Furanocumarinas	

Compostos fenólicos	
Flavonoides	Atividade estrogênica que afeta a reprodução
Isoflavonoides	
Taninos	Nefrotoxicidade (taninos hidrolisáveis)
	Alterações no sistema digestório (taninos condensados)
Gossipol	Fator antinutricional (reduz o valor biológico da proteína ingerida)
Quinonas	Degeneração e necrose musculares
	Influência na reprodução

Outros	
Organofluorado (monofluoroacetato)	Morte súbita
Aminoácidos	Alterações na pele
	Efeito bociogênico
	Influência na reprodução
	Carcinogênese
Proteínas	Perturbações nervosas
Nitratos	Nefrotoxicidade
Nitritos	Anemia hemolítica

Curiosidade

Na década de 1970, o consumo de chá de confrei (conhecido como "chá de cura tudo") tornou-se bastante popular. Entretanto, essa planta possui sete tipos de alcaloides pirrolizidínicos, levando a um quadro fatal de hepatotoxicidade. Os sinais clínicos demoram de duas semanas a dois anos para surgir após o consumo do chá.

O *Symphytum officinale* L., popularmente conhecido como "confrei", "comfrey", "consolda-maior" e "consólida-maior", é amplamente empregado no mundo como fitoterápico. Por possuir o princípio medicinal alantoína, é utilizado no tratamento de processos inflamatórios, reumáticos, doenças gastrintestinais, fraturas, lesões em tendões e feridas cutâneas. Seu uso é permitido exclusivamente por via tópica.

As fitotoxinas listadas no Quadro 13.1 podem entrar na cadeia alimentar humana por duas vias:

- consumo direto – por meio de plantas medicinais ou fitoterápicos;
- consumo indireto – por meio de produtos de origem animal contaminados, como vísceras de animais, leite, ovos e mel.

Fatores influentes

Vários fatores podem influenciar a toxidez de uma planta. O meio ambiente impacta fortemente esse aspecto, causando a variação, tanto qualitativa quanto quantitativa, da produção de metabólitos secundários. A seguir, alguns desses fatores serão apresentados em detalhes.

Genética

A variação genética das plantas determina sua capacidade de produzir tanto princípios medicinais quanto tóxicos. Duas plantas fenotipicamente idênticas, cultivadas no mesmo ambiente, podem ter concentrações diferentes de metabólitos secundários tóxicos.

Fase de desenvolvimento

A maioria das plantas possui maior concentração de princípios ativos tóxicos durante a fase de brotação e crescimento. Nessa fase, a parede celular não está completamente desenvolvida e não há uma proteção mecânica eficiente, levando a planta a aumentar suas defesas químicas. Entretanto, algumas espécies possuem maior toxicidade na planta adulta.

> *Curiosidade*
>
> A mesma planta pode produzir diferentes princípios tóxicos, como a mamona (*Ricinus communis*), em que a ingestão da semente causa transtornos gastrintestinais e a da folha, perturbações neurológicas.

Parte da planta

Os princípios tóxicos estão contidos em todas as partes da planta, entretanto, concentram-se em determinados locais. Em geral, para garantir a sobrevivência da espécie na natureza, as sementes e os frutos são mais tóxicos do que as folhas.

Estado (planta fresca ou dessecada)

Após a colheita da planta, a concentração de princípios tóxicos pode variar; eles podem ser completamente eliminados ou ter sua concentração progressivamente reduzida. No caso de princípios voláteis, o processo de dessecagem ou trituração faz a planta perder toxicidade. No entanto, outros princípios não voláteis podem se manter com altas concentrações por longos períodos após a colheita.

Armazenamento

Uma planta armazenada em vidro ou plástico hermeticamente fechado conserva os princípios tóxicos por anos.

Sazonalidade

A estação do ano determina consideravelmente a capacidade de produção de princípios tóxicos da planta. Na primavera e no verão, pelos maiores índices pluviométricos, calor e luminosidade, as plantas tendem a apresentar-se na fase de brotação ou crescimento, o que coincide com a fase mais tóxica de seu desenvolvimento. No outono e no inverno, devido aos desafios ambientais a que a planta é exposta, pode também haver aumento da produção de princípios tóxicos, para garantir sua sobrevivência no ambiente.

Período do dia

A toxicidade das plantas varia ao longo do dia. Em alguns casos, ao meio-dia (hora em que recebe maior quantidade de luz e calor do sol), a planta é mais tóxica do que no período noturno. A produção de metabólitos secundários consome energia da planta e é maior enquanto a planta está realizando fotossíntese, ou seja, durante o dia.

Tipo de solo e distribuição geográfica

Solos pobres, com baixa fertilidade e acidez, aumentam o desafio da planta de sobreviver no ambiente. Consequentemente, há maior produção de princípios tóxicos. Algumas plantas somente são tóxicas nessas condições; uma vez cultivadas em solos férteis, elas perdem a toxidez. A toxidez também varia quando uma espécie é adaptada a determinado tipo de solo, condição ambiental ou região.

Plantas típicas de mata fechada, quando são retiradas desse ambiente e cultivadas em campo aberto ou em canteiros, perdem a toxidez, entretanto, podem perder também a capacidade de produzir princípios ativos medicinais. O mesmo se aplica a plantas de determinado bioma ou país, como as espécies do gênero *Astragalus*, que são tóxicas somente na América do Norte, e não na América do Sul.

> **Importante**
> O uso de praguicidas nas plantas deve ser feito com cautela, respeitando o período de carência do produto antes do consumo. Herbicidas derivados do ácido diclorofenoxiacético (2,4-D) favorecem a absorção de nitratos do solo pela planta, podendo torná-la tóxica.

Uso de fertilizantes e praguicidas

O tipo de fertilização também pode influenciar a toxidez da planta. Os fertilizantes à base de nitritos e nitratos, por exemplo, aumentam as concentrações dessas substâncias nos vegetais, podendo causar quadros de nefrotoxicidade e anemia hemolítica quando consumidos.

CONCLUSÃO

A constante busca por um estilo de vida saudável e natural tem aumentado consideravelmente o consumo de plantas medicinais e fitoterápicos. Todavia, a maioria dos consumidores desconhecem que, além de princípios ativos medicinais, as plantas também possuem metabólitos secundários tóxicos.

Um dos desafios para a medicina alternativa é a falta de padronização dos fitoterápicos e das plantas medicinais. Como foi visto, vários fatores determinam a concentração de princípios ativos medicinais e tóxicos nas plantas, o que dificulta a determinação da dose correta a ser prescrita para o paciente, aumentando o risco de intoxicação ou ineficiência do tratamento.

ATIVIDADES

1. A ingestão de plantas que contenham alcaloides pirrolizidínicos pode levar a um quadro de
   (A) morte súbita.
   (B) perturbações neurológicas.
   (C) insuficiência hepática.
   (D) insuficiência renal.
2. Os princípios tóxicos das plantas podem entrar na cadeia alimentar humana por meio do consumo direto de plantas medicinais ou fitoterápicos. De que outra maneira o ser humano pode consumir acidentalmente essas substâncias?
3. Por que as plantas jovens em fase de brotação ou crescimento são mais tóxicas?
4. Por que durante o outono e o inverno, mesmo que as plantas não estejam em crescimento, elas podem se tornar tóxicas?
5. Sobre a toxidez das plantas, assinale **V** (verdadeiro) ou **F** (falso).
   ( ) Os cianogênicos são compostos fenólicos que podem levar ao aborto.
   ( ) Os taninos hidrolisáveis podem ser tóxicos para os rins.
   ( ) Há maior produção de princípios tóxicos em solos pouco férteis.
   ( ) Duas plantas fenotipicamente idênticas, cultivadas no mesmo ambiente, sempre terão a mesma concentração de metabólitos secundários tóxicos.

   Assinale a alternativa que apresenta a sequência correta.
   (A) F – V – V – F
   (B) F – V – F – V
   (C) V – F – F – V
   (D) V – F – V – F

REFERÊNCIA

BRASIL. Ministério da Saúde. *RENISUS*: Relação Nacional de Plantas Medicinais de Interesse ao SUS. Espécies vegetais. Brasília: MS, 2009.

LEITURAS RECOMENDADAS

HARAGUCHI, M.; GÓRNIAK, S. L. Introdução ao estudo das plantas tóxicas. In: SPINOSA, H. S.; GÓRNIAK, S. L.; PALERMO-NETO, J. *Toxicologia Aplicada à Medicina Veterinária*. Barueri: Manole, 2008. cap. 14, p. 367-414.

MORA, C. et al. How many species are there on Earth and in the ocean? *PLoS Biology*, v. 9, n. 8, p. e1001127, Aug. 2011.

TAGLIATI, C. A.; FERES, C. A. O. Pesquisas toxicológicas e farmacológicas. In: LEITE, J. P. V. *Fitoterapia*: bases científicas e tecnológicas. São Paulo: Ateneu, 2009, cap. 15, p. 119-140.

TESKE, M.; TRENTINI, A. M. M. *Herbarium compêndio de fitoterapia*. 4 ed. Curitiba: Herbarium Lab. Bot., 2001.

TOKARNIA, C. H. et al. *Plantas tóxicas do Brasil para animais de produção*. 2 ed. Rio de Janeiro: Helianthus, 2012.

ÍNDICE

Números de páginas seguidos de f referem-se a figuras e q a quadros

A

Aspectos moleculares e genéticos da produção vegetal, 83-95
  biotecnologia vegetal e engenharia genética, 89
    biotecnologia vegetal, 89
    detecção e localização de genes no cromossomo, 90
    engenharia genética versus melhoramento convencional, 93
    expansão do potencial farmacêutico das plantas, 91
      DNA recombinante, 91
      métodos alternativos, 92
      técnicas para a injeção de DNA diretamente nas células, 92q
    micropropagação e técnicas de cultura de tecido vegetal, 89
    produção de anticorpos, 93
  gene, 84
    pesquisadores importantes na história da genética, 84
  genética, 84, 85
    alelo, 85
    fenótipo e genótipo, 85
    homozigoto e heterozigoto, 85
    recessivo e dominante, 85
  genoma, 86
    cromossomo, 86f
    DNA, 86f
    genes, 86f
    genoma vegetal, 87
    nucleotídeos, 86f
  genômica de alto rendimento: o desafio dos grandes conjuntos de dados, 87
  melhoramento genético de plantas, 87
    abordagens e técnicas, 88
  vernalização, 84

C

Características adaptativas das plantas, 37-41
  adaptabilidade, 39
    caracteres de adaptação das plantas, 39q
    fatores climáticos, 39
    impactos construtivos versus estresse destrutivo, 38
    reações das plantas ao estresse, 38f

D

Desenvolvimento, produção e controle de qualidade de fitoterápicos, 135-145
  controle de qualidade de fitoterápicos, 143
    especificações da OMS para materiais de origem vegetal, 144q
  desenvolvimento de fitoterápicos, 137
    chá em infusão, 142f
    efeitos colaterais, 138
    formas farmacêuticas utilizadas em fitoterapia, 139, 140-141q
    hypericum perforatum, 139f
    produtos tradicionais fitoterápicos, 138
  farmacopeia brasileira, 136
  matéria-prima para a produção de medicamentos, 136f
  medicamentos, 135
  produção de fitoterápicos, 142

E

Etnobotânica, 15-25, 18
  etnobiologia, 16, 17
    abordagens, 17
    etnozoologia e etnoecologia, 19q
    pesquisa etnobiológica, abordagens na, 17q
    ramificações, 17, 18f
  populações e plantas, estudo das relações entre, 18
    contribuições e possibilidades, 22
    estudo etnobotânico modelo, 20q
    etnofarmacologia, 21
    fatores envolvidos em estudos etnobotânicos, 20
    formas de oferecer retorno às populações de locais-alvo, 23q

Índice

implicações éticas e retorno às populações estudadas, 23
importância da interdisciplinaridade, 19
problemas da perda da diversidade e do conhecimento, 21

F

Fitoterapia, 97-107
  elementos que não podem ser considerados fitoterápicos, 100q
  fitoterapia no Brasil e no mundo, 100
  fitoterápicos, 101
    diferenciação de conceitos relativos a fitoterápicos e plantas medicinais, 104f
    fitoterápicos estabelecidas pela RDC nº 48/2004, 102q
    legislações vigentes sobre plantas medicinais e fitoterápicos, 103q
  medicina tradicional, 98
  plantas medicinais, 98
    definições de, 99q
  uso de fitoterápicos, 104
    desvantagens e problemas relacionados ao uso de fitoterápicos, 105q
  uso de plantas medicinais, 97

M

Metabolismo vegetal, 43-57
  conceito, 44
    macromoléculas, 44
  metabolismo, 43
  metabólitos primários, 44
  metabólitos secundários, 44, 45
    alcaloides, 52
      atividades biológicas relacionadas aos alcaloides, 53q
      funções, 52
  compostos fenólicos, 50
    classes de polifenóis alimentares, 51f
    classificação, 51
    funções, 51
  conteúdo de metabólitos secundários em plantas, 55q
  diferenças básicas entre o metabolismo primário e o, 46f
  fatores de influência, 54
  fatores influentes no acúmulo de metabólitos secundários em plantas, 54f
  grupos de metabólitos secundários e compostos, 47q
  metabolismo primário e relação com o, 45f
  rotas biossintéticas do metabolismo secundário, 47f
  rotas metabólicas, 46
  terpenos, 48
    classes de triterpenos, 50q
    classificação, 48
      diterpenos, 50
        giberelinas, 50
      monoterpenos, 48
      sesquiterpenos, 49
      triterpenos, 50
    estruturas dos óleos voláteis limoneno, mentol e piretrina, 49f
    funções de terpenos e terpenoides nos vegetais, 48q
    locais de ocorrência e estoque de monoterpenos em plantas, 49q

P

Partes das plantas, 27-36
  caule, 29
    denominações do, 30q
  potencial medicinal, 30
  flor, 30
    potencial medicinal, 31
  folha, 31
    folha palinactódroma, 31f
    plastos, 32
    potencial medicinal, 32
    processos fisiológicos, 32q
  fruto, 33
    potencial medicinal, 34
  raiz, 28
    partes da, 28f
    rizoma, 29
  semente, 34
    gêmula, 34
    potencial medicinal, 35
    radícula, 34
Plantas medicinais, 1-13
  alho, 5f
  aloe, 5f
  antiguidade, 2
  conhecimentos tradicionais, 3
  cúrcuma, 5f
  definição, 1
  derivados de drogas vegetais, 3
  drogas vegetais, 3
  era cristã, 6
  extratos, 5
  fitoterapia, 6
  genbigre, 5f
  homeopatia, 8
  idade contemporânea, 8
  idade moderna, 7
  manjericão, 5f
  marcos da fitoterapia no século XIX, 8q
  medicamentos, 5
  medicina alopática, 9
  mesopotâmicos, 2f
  no Brasil, 9
    dias atuais, 11
    manacá (brunfelsia uniflora), 10f
    séculos XVI-XX, 10
  papiro de Ebers, 4f
  pré-história, 2
  princípios ativos, 8

produtos naturais, 4
  coentro, 4f
  funcho, 4f
  sene, 4f
remédio (definição), 2
Plantas tóxicas, 147-152
  toxidez das plantas, 148
    classificação, 148
      estrutura química e os seus efeitos tóxicos, 148q-149q
    fatores influentes, 150
      armazenamento, 150
      estado (planta fresca ou dessecada), 150
      fase de desenvolvimento, 150
      genética, 150
      parte da planta, 150
      período do dia, 151
      sazonalidade, 150
      tipo de solo e distribuição geográfica, 151
      uso de fertilizantes e praguicidas, 151
Política nacional de plantas medicinais e fitoterápicos, 125-134
  benefícios da utilização de plantas medicinais no Brasil, 127
  medicina tradicional e medicina complementar e alternativa, 128
    características da medicina complementar e alternativa, 128
    produtos tradicionais, 129
  papel do profissional de saúde na utilização de fitoterápicos, 126
    problemas da utilização de plantas medicinais sem conhecimento prévio e orientação de profissionais da saúde, 127f
  políticas e programas sobre medicina tradicional e medicina complementar e alternativa, 129
    ações em foco referentes à inserção de plantas medicinais e fitoterápicos no Sistema Único de Saúde, 132q
    iniciativas atuais, 132
      objetivos específicos da, 131q
    política nacional de plantas medicinais e fitoterápicos, 130
    política nacional de práticas integrativas e complementares, 130
    programa nacional de plantas medicinais e fitoterápicos, 131
Produção de fitoterápicos, 142
Produtos naturais e o desenvolvimento de fármacos, 71-81
  busca por novos fármacos a partir de plantas medicinais no brasil, 78
  desenvolvimento de fármacos a partir de protótipos de produtos naturais, 79
  histórico, 72
    antiguidade, 72
    antiguidade ao século XIX, 73
    desenvolvimento de fármacos a partir de produtos naturais nos dias atuais, 75q
    fármacos isolados de espécies vegetais, 76q
    fim do século XX, 74
    histórico do isolamento de princípios ativos da papoula, 73q
    início do século XXI, 74
    novas entidades químicas de produtos naturais e derivados de produtos naturais por ano, 74f
    princípios ativos isolados de plantas usadas tradicionalmente, 73q
  pesquisa e desenvolvimento de fármacos a partir de plantas medicinais, 76
    abordagens para o estudo de plantas medicinais, 77q
    descoberta de protótipos a partir de plantas medicinais até o desenvolvimento de fármacos, 78f
    etapas, 77
  produtos naturais, 71

S

Substância bioativa, 59-70
  tipos e origens de, 60
    ação antioxidante, 61
    alcaloides, 66
      atividades biológicas e aplicações, 67
      principais classes de alcaloides, 67q-68q
    compostos fenólicos, 60
    estrutura de fenol – unidade básica dos polifenóis, 60f
    flavonoides, 62
      atividades biológicas e aplicações, 62
      esqueleto básico dos, 62f
      principais classes de, 63q
    resveratrol, 61
      estrutura do, 61f
    taninos, 63
      atividades biológicas e aplicações, 64
    terpenos, 64
      atividades biológicas e aplicações, 66
      estrutura de isopreno – unidade básica dos, 64f
      principais classes de, 65q

terpenos usados nas indústrias alimentícia e farmacêutica, 66q

U

Uso racional de medicamentos fitoterápicos e prescrição, 109-124
  conceito, 109
  fitoterápicos utilizados no Brasil e suas interações medicamentosas, 114
    fitoterápicos de uso oral, 115q-121q

uso racional de medicamentos fitoterápicos e plantas medicinais, 111
  automedicação e desconhecimento sobre o preparo e a utilização, 111
  avanços, 113
  exemplo de prescrição de fitoterápico, 112f
  falta de comprovação clínica, 111
  motivos que barram o desenvolvimento do URM fitoterápicos, 113q
  outras barreiras, 113
  profissionais da saúde e prescrição de fitoterápicos, 112

V

Vernalização, 84

IMPRESSÃO:

Santa Maria - RS - Fone/Fax: (55) 3220.4500
www.pallotti.com.br